Roman Leuthner

•

Latein für Führungskräfte

Roman Leuthner

Latein für Führungskräfte

Die 500 berühmtesten Zitate

Bibliografische Information Der Deutschen Bibliothek

Die Deutsche Bibliothek verzeichnet diese Publikation in der Deutschen Nationalbibliografie; detaillierte bibliografische Daten sind im Internet über http://dnb.ddb.de abrufbar.

ISBN 3-7093-0040-1

Umschlag: AG MEDIA GmbH
© der deutschsprachigen Ausgabe
LINDE VERLAG WIEN Ges.m.b.H., Wien 2004
1210 Wien, Scheydgasse 24, Tel.: 0043/1/24 630
www.lindeverlag.at

Koordination: Medienagentur Gerald Drews
Redaktion: Dr. Christiane Schlüter

Druck: Hans Jentzsch & Co. GmbH., 1210 Wien, Scheydgasse 31

Inhalt

I. Einführung

Cogito ergo sum – Ich denke, also bin ich

Manager haben es schwer. In guten wirtschaftlichen Zeiten werden sie für alle Fehler verantwortlich gemacht, für die sie verantwortlich sind. In schlechten Zeiten auch für alles andere. Dabei setzen sie doch hierzulande in Europa mit ein wenig Zeitverschiebung lediglich das um, was die jeweils aktuelle US-amerikanische Managementphilosophie gerade lehrt. Ob *outsourcing,* das Ausgliedern von Unternehmensabteilungen, jenseits des großen Teichs in Mode ist oder ob gerade die Rausschmeißerwelle durch die Bürotürme tobt und bei sinkenden Erträgen die Rettung in der *lean company,* der „schlanken" Firma, gesucht wird – Europas Führungskräfte sind Meister im Nachahmen der Managementphilosophien zwischen New York und San Francisco.

Selbstverständlich hat eine Führungskraft, die etwas auf sich hält, auch den entsprechenden Jargon drauf: Hat die Sekretärin an ihrer *work station* die *message* verstanden? Orientiert sich Abteilungsleiter Obermaier bei seinen Entscheidungen auch am jüngsten *best-practise-case*? War das *brainstorming* im *meeting* erfolgreich? Wie steht es mit der *customer-relationship* in der eigenen *company* und ist die aktuelle *productline* bei einer Kalkulation von *roundabout* xy Euro nicht wirklich *too pricy – sorry,* oder nicht so *sexy*? *Cool,* Europas Manager werfen ihre Umwelt und sich selbst mit Amerikanismen tot. *Crazy – indeed!*

Schluss damit, *Hollywood ending* ...

Die Führungsetage, die heute etwas auf sich hält und die Wirtschaftskrise gut genutzt hat, erkennt die Zeichen der Zeit. Rückbesinnung ist angesagt, Rückbesinnung auf die europäische Kultur der Aufklärung, auf die Ästhetik und Harmonie der Sprache – und ihre Wurzeln.

Latein, sic! Manager und Managerinnen, die wirklich etwas auf sich halten, schmücken ihre Reden und geschäftlichen Besprechungen heute mit wohlabgewogenen Zitaten aus der Feder eines *Cäsar, Cicero, Ovid, Seneca* oder *Sallustius.*

Lesen Sie deshalb „Latein für Führungskräfte" und prägen Sie sich das gut halbe Tausend der darin enthaltenen Zitate, Phrasen und Sentenzen ein. Sie wurden exklusiv für jede Situation im Berufsalltag des Managers ausgewählt. Der Effekt ist verblüffend, Sie werden beeindruckt sein. Ganze Vorstandsetagen bewundern staunend Ihre Bildung und Wortkunst. Konkurrenten, die sich als Proletarier der Sprache entpuppen und bemüht sind, mit rhetorischem *fastfood* aus McDonald's-Land Punkte zu sammeln, knicken neidvoll ein und ziehen geschlagen von dannen. Und die Damen – vice versa die Herren – liegen Ihnen zu Füßen. Was wollen Sie mehr?

Dem Ersten übrigens, dem Ihr *switch* von Amerikanismen auf Latinismen auffällt, begegnen Sie schon mal *muy tranquilo* mit einem überlegenen Wort aus den *„Principia Philosophiae"* des großen französischen Philosophen René Descartes (1596–1650): *„Cogito ergo sum."* – Wow!

Sie werden bewundert – *quod erat demonstrandum*: Was zu beweisen war!

Und wenn Sie es noch ein bisschen genauer wissen wollen, dann gehen Sie der Sache auf den Grund und stöbern selbst bei den „alten Lateinern" nach: Dazu finden Sie am Schluss des Buches eine Liste mit den wichtigsten Urhebern und Quellen der Zitate, Sentenzen und Phrasen.

Nun aber flugs *in medias res*, in die „Mitte der Sache".

II. Hauptteil

1. Mehr als 400 Zitate, Sentenzen, Phrasen

1.1 Lateinisches für Chefs

Tempus fugit.
Die Zeit flieht.

Fleiß ist eine Tugend, richtig. Jedoch sind nicht alle Mitarbeiter, über die Sie zu bestimmen haben, tugendhaft. Und deshalb sind manche leider auch nicht fleißig. Vor allem mit der Zeit, innerhalb deren bestimmte Aufgaben erledigt werden müssen, stehen einige auf Kriegsfuß. Diesen Mitarbeitern rechtzeitig eine Warnung mit auf den Weg zu geben, ist angemessen und kann Sie vor unliebsamen Überraschungen bewahren.

Das Zitat stammt aus dem Werk „*Georgica*" des römischen Historikers und Dichters *Vergil*. Im Original heißt es dort: „*Sed fugit interea, fugit irreparabile tempus*" – „Doch unterdessen entflieht die Zeit, flieht unwiederbringlich."

A vicinis exemplum habent.
Sie haben sich an den Nachbarn ein Beispiel genommen.

Als Chef sind Sie Vorbild! Doch auch die weniger qualifizierten unter Ihren Mitarbeitern können sich an den leistungsstärkeren orientieren. Dies meinte *Erasmus* in den „*Adagia*". *Erasmus von Rotterdam* beschäftigte sich mit Philosophie, Rhetorik und Geschichte. Seine „*Adagia*" sind eine Sammlung antiker Sprichwörter und Redensarten.

Absoluta sententia expositore non indiget.
Eindeutige Worte bedürfen keines Interpreten (müssen nicht ausgelegt werden).

Seien Sie klar in Ihren Anweisungen und vermitteln Sie dies auch den Mitarbeitern (aus dem „*Corpus Iuris Civilis*", dem Bürgerlichen Gesetzbuch Roms).

Dulce et decorum est pro patria mori.
Süß und ehrenvoll ist es, fürs Vaterland zu sterben.

Na ja, diese Zeiten sind, zumindest hierzulande, vorbei. Diese Sentenz des *Horaz* könnte jedoch brillant umgearbeitet werden und dann etwa so lauten:

„Dulce et decorum est pro manufactura Müller mori ..."

Ab imo pectore
Aus innerster Brust

Trefflich für die Belobigung eines Mitarbeiters. Wie *Lucretius* in seinen *„De rerum natura"* formulierte, sprechen wir auch heute noch in höchster Emotion „aus tiefstem Herzen" oder „aus vollem Herzen".

Consuetudo est altera natura.
Die Gewohnheit ist die zweite Natur.

Die geduldige Führungskraft, die in der Ausbildung hoffnungsvoller Nachwuchskräfte engagiert ist, sollte oft genug auf den positiven Einfluss guter Gewohnheiten hinweisen: frühes Aufstehen und pünktliches Erscheinen sowie zeitige Rückkehr aus der Mittagspause.

Cave canem.
Hüte dich vor dem Hund.

Oh je. Sollten Sie zu diesem radikalen Mittel greifen müssen, dürfte es sich um einen hartnäckigen Fall handeln. Mit einem trockenen „Cave canem" drohen Sie in schwierigen Personalfällen mit der Peitsche und machen deutlich, dass Sie als Chef ein „Hund" sind, der nicht nur zu bellen, sondern auch zu beißen versteht. Falls Sie also mit modernen Führungsmethoden – Teamwork und Kollegialität – auf Granit beißen: Zeigen Sie doch, wo der Knüppel hängt!

Der Spruch „Cave canem" zierte die Türschwellen im Eingangsbereich unzähliger römischer Häuser und beweist, dass die „alten"

Römer entweder ein übergroßes Sicherheitsbedürfnis hatten oder wirklich harte Knochen waren. Neuzeitliches Pendant jener Inschriften sind die heute bekannten Schilder mit Aufschriften wie „Hier wache ich" oder „Ich brauche drei Sekunden bis zum Tor – und du?"

Ab alio exspectes, alteri quod feceris.
Was du einem anderen getan hast, hast du auch von ihm zu erwarten.

„Tit for tat" haben Sie das früher als Amerikanismus genannt. Nun drücken Sie sich mit mehr Qualität aus – wie *Publilius Syrus* in den „*Sententiae*".

De nihilo nihil.
Aus nichts wird nichts.

Auch ein Zitat für die Diskussion mit schwer wiegenden Fällen. Falls Sie beispielsweise eine Arbeit entgegennehmen müssen, die so richtig daneben gegangen ist und die Sie mächtig ärgert, können Sie mit diesen drei Worten ein ähnliches Ergebnis erzielen wie ein Gymnasialprofessor bei einem Total-Versager unter seinen Schülern: tiefste Niedergeschlagenheit.

Das Zitat wird *Lukrez* zugeschrieben.

Ablue peccata, non solum facies.
Wasche die Sünden ab, nicht nur das Gesicht.

Einem getadelten Mitarbeiter muss die Chance zur Läuterung gegeben werden. Vergessen Sie jedoch nicht, ihn zu der vollständigen inneren „Reinigung" zu bewegen, zu der eine Inschrift am Taufbecken der großen Moschee Hagia Sofia in Istanbul auffordert.

Absens heres non erit.
Wer nicht anwesend ist, kann nicht erben.

Sie haben Kollegen, die es mit der Anwesenheitspflicht nicht allzu genau nehmen, unpünktlich sind und zu früh in den Feierabend gehen? Tipp: Bei der nächsten Gehaltsverhandlung mit so einem Kandidaten macht sich – im übertragenen Sinne – dieses Zitat aus dem Mittelalter gut!

Absentem accipere debemus eum, qui non est eo loci, in quo loco petitur.
Unter abwesend verstehen wir den, der nicht an dem Ort anzutreffen ist, an dem man ihn sucht.

Apropos Abwesenheit. Gegen mögliche spitzfindige und phantasiereiche Ausreden hilft die zitierte Rechtsregel aus dem *„Corpus Iuris Civilis"*, dem Bürgerlichen Gesetzbuch Roms.

Ab amico indiscreto libera nos, Domine.
Befreie (erlöse) uns, Herr, von einem indiskreten Freund.

Wasserträger sind erwünscht, aber „Zuträger"? Nein. Wer heute indiskret ist, wird morgen intrigieren. Das wusste schon der unbekannte lateinischsprachige Autor aus dem Mittelalter, der hier zitiert wird.

Errare humanum est.
Irren ist menschlich.

Sind Sie Asterix-Leser? Falls ja, dann wissen Sie, dass es sich bei diesem Sinnspruch um das wohl am häufigsten verwendete lateinische Zitat der Herren Goscinny und Uderzo handelt. Es erscheint in den – auch von späteren Managern, Staatsmännern und Wirtschaftslenkern mit jugendlicher Begeisterung gelesenen – Heften meist dann, wenn die Helden Asterix und Obelix einem überforderten Zenturio und seinen vor Angst zitternden Legionären eine kleine Abreibung verpassten. Natürlich hatte der in die gallischen Wälder strafver-setzte römische Zenturio wieder einmal geglaubt, spielend leicht mit den zwei Bauernjungs fertig zu werden. Nach kurzem Kampf faselte er jedoch dann sein „Errare ...“

Wenn Sie diesen Spruch einem Mitarbeiter, der eine falsche Ent-scheidung getroffen hat, nicht mit einem gewollt zynischen Unter-ton um die Ohren hauen, sondern in moderater Form präsentieren, erfüllt er sogar einen qualifizierten Zweck: Er „vernichtet“ nicht, son-dern baut auf, da er einen Fehler zwar brandmarkt, aber zugleich zu verstehen gibt, dass alle Menschen Fehler machen.

Fälschlicherweise wird das „Errare humanum est“ übrigens von Schei-dungsopfern als Abkürzung für E-h-e benützt. Pfui! Das hat Rom nicht verdient.

Apropos Rom. Falsch, meine Herren Goscinny und Uderzo! Das Zi-tat stammt nicht aus dem „alten Rom“, sondern aus der Feder eines gewissen *Hieronymus*, des mittelalterlichen Kirchenphilosophen, und seinen *„Epistulae“*.

Clericus clericum non decimat.
Ein Kleriker fordert vom anderen keine Abgabe.

Streit und Futterneid in der Vorstandsetage? Demonstrieren Sie Überlegenheit und Bildung und machen Sie zugleich deutlich, was guter Umgangsstil ist.

Ab irato
Im Zorn

So wie Angst ein schlechter Ratgeber ist, sollten auch im Zorn kei-ne Personalentscheidungen getroffen werden. Emotional gesehen mögen Sie ja im Recht sein; zügeln Sie gleichwohl Ihren Verdruss und gehen Sie zunächst einmal in sich, um über die möglichst beste Reaktion auf einen Vorfall nachzudenken.

A posse ad actum non valet consecutio.
Der Schluss von der Befähigung auf die Tat ist unzulässig.

Sie kennen das Wort vom „ewigen Talent". Solche Mitarbeiter gibt es und sie kosten mehr Nerven als jene, von denen wir wissen, dass sie die Kurve niemals kriegen werden. Mit diesem bildungssprachlichen Terminus können die „Talente" eventuell jedoch beizeiten wachgerüttelt werden. Machen Sie deutlich: Nach der „Aufwärmphase" in einem neuen Verantwortungsbereich zählt nicht mehr Talent, sondern nur noch die Tat!

Longum iter est per praecepta, breve et efficax per exempla.
Lang ist der Weg durch Vorschriften, kurz und wirksam (aber) durch Beispiele.

Hier wird wunderschön gezeigt, wie einfach und doch unübertrefflich in der Wirkung Sie der Vulgarität der Management-Amerikanismen abschwören können! Was hätten Sie vor der Lektüre dieses Büchleins einem Mitarbeiter gesagt, dem Sie zu verstehen geben wollen, dass die Überzeugungskraft von Beispielen größer ist als eine bloße Anweisung oder ein „Befehl"? Vermutlich hätten Sie von einem „best practise", im schlimmsten Fall gar von einem „best-practise-case" gesprochen und so wieder einmal dokumentiert, wie Ihr letzter Aufenthalt an der Ostküste Sie sprachlich beeinflusst hat.

Nein! Drücken Sie sich eleganter, charmanter und gebildeter aus und zeigen Sie, welch großer Philosoph in Ihnen steckt.

Seneca dem Jüngeren, der um das Jahr 4 v. Chr. in Rom geboren wurde, ordnen Sprachhistoriker diese Einsicht zu.

Saepe summa ingenia in occulto latent.
Oft bleiben die größten Genies im Verborgenen.

Ein tröstendes Wort von *Plautus („Captivi")* für einen verdienten und gleichwohl frustrierten Mitarbeiter, der glaubt, dass seine wahren Leistungen nicht richtig anerkannt werden.

Ab antiquo
Seit alter Zeit

Neue Mitarbeiter müssen „eingenordet" werden. Dazu zählen Informationen über Traditionen, Rituale und diverse Bräuche im Unternehmen. Auch unbotmäßige Begehrlichkeiten und nicht gern gesehene Verhaltensweisen von „Frischlingen" lassen sich mit einem „Ab antiquo" und sonorer Stimmlage schon im Keim ersticken.

Ab imis fundamentis
Von den ersten Ursprüngen an

Besser noch als „ab antiquo", wenn es um die Firmenhistorie und die ersten Geburtswehen des Unternehmens geht.

Ab initio nullum semper nullum.
Was anfangs nichtig war, ist immer nichtig (im übertragenen Sinne: wird immer nichtig sein).

Dieselbe Aussage, nun zur dezenten Verunglimpfung eines lästigen Konkurrenten gebraucht – „Aus nichts wird (eben wirklich) nichts!"

Ab ovo usque ad mala
Vom Ei bis zu den Äpfeln

Eine wunderschöne Wendung für eine Tischrede von *Horatius* aus den *„Sermones"*. Der Dichter meint hier den Begriff „vom Anfang bis zum Ende", also von der Vorspeise bis zum Nachtisch. Okay, bei einem modernen Managerdinner würden Sie „Vom Aperitif bis zum Digestif" oder „Vom Appetizer bis zum Downer" sprechen.

Ab ovo ordiri
Beim Ei beginnen

Von „ab ovo usque ad mala" abgeleitet und bezogen auf „von Anfang an". Gemeint ist im Werk *„De arte poetica"* bei diesem Wort des *Horatius* das Ei Ledas, aus dem bei einer Doppelgeburt Helena und die Dioskuren Castor und Pollux entsprangen.

Carpe diem!
Nutze den Tag!

„Frisch und fröhlich ans Werk", „Morgenstund' hat Gold im Mund", „Was du heute kannst besorgen, das verschiebe nicht auf morgen …" – Davon spricht *Horatius*.
Ein Muss für jedes Mitarbeitergespräch!

Apes debemus imitari.
Die Bienen müssen wir nachahmen.

Ein schönes Wort, wenn Sie Ihrer Abteilung ein wenig mehr Dampf machen wollen. Mit diesem Spruch zeichnen Sie sich überdies als wahrer Gentleman aus, der ein ernsthaftes Anliegen mit allem Nachdruck und trotzdem auch zurückhaltend auszudrücken vermag.
Auch dieses Zitat stammt von *Seneca dem Jüngeren*.

Casus belli
Das kriegsauslösende Ereignis, der kriegsauslösende Umstand

Und wenn Sie sich selbst als noch so gute und gerechte Führungskraft sehen: Ihr Selbstbild entspricht nicht zwangsläufig dem Bild, das sich andere – in diesem Fall Ihre Mitarbeiter – von Ihnen machen. Den Intriganten, den Wortführer der stets Negativen und „Entrechteten", den fatalen Streithahn gibt es außerdem immer – auch in Ihrem Team. Deshalb: Wenn Sie sich nicht auf der Nase herumtanzen lassen wollen und einem Quertreiber die Stirn bieten müssen, warten Sie nicht allzu lange ab und definieren Sie den – sorry, amerikanisch(!) – „point of no return", den „casus belli". Ungefähr wie in dem nachfolgenden Dialog:
Sie: „Müller, das ist der casus belli zwischen uns!"
Müller: „Der was?"

Sie: „Der casus belli. So schreibt Cäsar über Vercingetorix in seinem Werk Bellum Gallicum, der gallische Krieg. Das, Müller, ist die Ursache des Krieges, der ab sofort zwischen uns herrscht, wenn Sie nicht ...“

Bedenken Sie: Schon die Erwähnung des großen Cäsar wirkt in diesem Mitarbeitergespräch als rhetorisches Schwert. *Cäsar* ... Was fällt uns alles ein bei diesem Namen! *Gaius Julius*, 100–44 v. Chr., geboren in der patrizischen (adligen) Familie der Julii, überaus erfolgreicher Feldherr schon lange vor dem Beginn seiner politischen Karriere, Besetzer Spaniens und Frankreichs, wird 59 v. Chr. Konsul, 45 v. Chr. nach siegreicher Beendigung des Bürgerkriegs mit *Pompeius* zum Diktator auf Lebenszeit gewählt (*Sie müssen rückwärts rechnen!*), 44 v. Chr. – an den „Iden des März" (15. März) – im Senat ermordet. Glanz, Glorie, Erfolg – und ein tragischer Heldentod. (Müller ist ohne Chance!)

Barbarus hic ergo sum, quia non intellegor ulli.
Ein Barbar bin ich hier, weil ich von niemandem (keinem) verstanden werde.

Kopf hoch, auch eine Führungspersönlichkeit darf einmal Schwäche zeigen! Und wenn man Ihren Anweisungen verflixt noch mal überhaupt nicht nachkommt und Ihre Leute das Problem einfach nicht verstehen, können Sie durchaus zitierend seufzen und die schnöde Welt beklagen.

Der „Barbarus" übrigens war in der Antike nicht der grobschlächtige, unzivilisierte und unkultivierte „Heide" – diese Bedeutung hat das Wort in unserem modernen Sprachverständnis –, sondern er war einfach der Fremdsprachige, der des Lateinischen nicht mächtig war.

Zugeschrieben wird das Wort dem großen *Ovid*. Er galt als der virtuoseste Dichter um die Zeitenwende. Mit seinen Liebesgedichten machte er auch zu unserer Gymnasialzeit kräftig Furore. Warum? Weil er nicht nur schwärmerisch-empfindsame Verse zu Papier brachte, sondern besonders in seiner *„ars armandi"* (Lehrbuch der Liebe) überhaupt kein Blatt vor den Mund nahm. Seine sexuellen und höchst erotischen Anspielungen lassen an Deutlichkeit jedenfalls nichts vermissen. Sie können sich vorstellen, wie sehr Lateinschüler über den kriegerischen Cäsar, den weisen Seneca oder den geschwätzigen Cicero die Nase rümpften, mit welchem Eifer sie sich aber auf die Übersetzung der *Ovidschen* Verse stürzten. Nein, keine Chance! Dies ist nicht unser Thema ...

Ovid übrigens war virtuoser Dichter der augusteischen Liebeselegien, der „*Amores*", und lebte von 43 v. Chr. bis 17/18 n. Chr.

Absentium causas contra maledicta tuere!
Schütze die Interessen Abwesender gegen Schmähungen!

Intrigen, heimliche Schmähungen, Verleumdungen, Gerüchte, Tuscheleien hinter vorgehaltener Hand: All dies gefährdet die Kollegialität und den Teamgeist. Wehren Sie den Anfängen *(aus den „Monosticha Catonis")*. Es macht sich ja auch wirklich nicht gut, Mitmenschen wehrlos einer üblen Nachrede auszusetzen, wenn sie nicht jeweils auch ihre eigene Sicht der Dinge darstellen können.

A bove maiore discat arare minor.
Vom größeren Ochsen lerne der kleinere das Pflügen.

Umgekehrt würde man sagen: Was Hänschen nicht lernt, lernt Hans nimmermehr ...

Deshalb gehört es zu den vornehmen Pflichten eines Managers, den Nachwuchs beizeiten in die Spur zu führen.

Das Wort stammt aus der Sammlung „*Anonymus Neveleti*" 50,10.

Facile est teneros adhuc animos componere;
difficulter reciduntur vitia quae nobiscum creverunt.
Es ist leicht, noch junge Herzen zu formen;
schwer auszurotten sind Fehler, die mit uns aufgewachsen sind.

Dasselbe wie in „*Anonymus Neveleti*" sagt hier *Seneca der Jüngere* (*„De ira")*. Fehler und Defizite, die sich bereits fest im Charakter eingenistet haben und mit denen wir gewohnt sind, zu leben – kompliziert und mühevoll ist es, sie zu beseitigen.

A capite bona valetudo.
Am Kopf beginnt die Gesundheit.

Machen Sie Ihren Mitarbeitern deutlich, dass sie ohne einen gesunden Intellekt nichts in Ihrem Team verloren haben. Der Ausspruch stammt von *Seneca dem Jüngeren* aus *„De clementia"*.

Asine!
Esel!

Tipp: Gut zu verwenden, wenn eine cholerische Wallung droht und Sie sich Luft machen müssen. Gut auch, weil nicht justitiabel und wohl kaum als Mobbing-Fall vom Betriebsrat sanktionierbar.

Beati pauperes spiritu.
Selig sind die geistig Armen (oder: Selig sind die Armen im Geiste).

Sie können jemand aber auch stil- und würdevoller beschimpfen. Machen Sie es so wie in der *„Vulgata"*, der lateinischen Bibelübersetzung, *Matthaeus 5,3* ...

Anzumerken ist jedoch, dass dieses Wort keineswegs als Missachtung oder Verspottung der intellektuell und kognitiv eher Minderbemittelten gemeint ist, sondern sich auf die wahre Gnade der Ignoranz bezieht. Stellen Sie sich vor, Sie hätten noch nie etwas von den Taten unserer Politiker gehört. Hätten Sie aber einen Seelenfrieden!

Cogito non ... ergo sum nihil.
Ich denke nicht, also bin ich nichts.

... oder noch treffender

Bene docet, qui bene distinguit.
Gut lehrt, wer die Unterschiede klar darlegt.

Genau: Klarheit und Wahrheit sind in Ihrem Job gefragt. Dazu passt auch:

In principio erat verbum.
Am Anfang war das Wort.

„Vulgata", Johannes 1,1

Citius, altius, fortius
Schneller, höher, stärker

Verabreichen Sie, so oft es geht, Motivationsvitamine! Das Motto der Olympischen Spiele sollte auch für Ihre Mitarbeiter gelten.

Consuetudo (quasi) altera natura.
Die Gewohnheit ist die zweite Natur des Menschen.

Gute Vorsätze sind begrüßenswert, schlechte Gewohnheiten aber die Feinde guter Vorsätze. Das wusste schon *Cicero*.

Docendo discimus.
Durch Lehren lernen wir.

Stimmt! Die Vermittlung Ihres Know-hows (sorry!) nützt auch Ihnen selbst.

Fortes fortuna adiuvat.
Den Tüchtigen hilft das Glück.

Genau! Eine Sentenz von *Terenz*.

Hic et nunc
Hier und jetzt

Was du heute kannst besorgen, das verschiebe nicht auf morgen – hier und jetzt wird gearbeitet!

In verba magistri iurare
Auf des Meisters Worte schwören

Das sollten Sie von Ihren Untergebenen schon erwarten können ... Übertreiben Sie es aber nicht – oder möchten Sie in aller Zukunft nur noch „druckreif" sprechen?

Nemo prudens punit, quia peccatum est, sed ne peccetur.
Kein Kluger straft, weil gefehlt worden ist, sondern damit in Zukunft nicht gefehlt werde.

Der Mensch soll nicht strafen, um sich zu rächen, will *Seneca der Jüngere* sagen. Zum einen weiß er, dass kein Mensch unfehlbar und daher jeder für ein Vergehen und Fehler anfällig ist; zum anderen sollte ein Delikt nicht nur gesühnt werden, um beispielsweise die Ansprüche von Geschädigten zu erfüllen, sondern die Strafe sollte dazu dienen, in Zukunft einen besseren Zustand zu erreichen.

Quod licet Iovi, non licet bovi.
Was Jupiter erlaubt ist, ist einem Ochsen noch lange nicht erlaubt.

Richtig! Zeigen Sie ruhig einmal, wer hier der Boss ist!

Cuius regio, eius religio.
Wessen Gebiet es ist, der bestimmt die Religion.

Dies ist die charmantere Variante, wenn Sie auf Ihre Autorität pochen müssen. Berufen Sie sich auf die Kernaussage des Augsburger Religionsfriedens von 1555.

Praesis, ut prosis, non ut imperes.
Steh an der Spitze, um zu dienen, nicht um zu herrschen.

Werden Sie aber auch nicht übermütig und denken Sie an das Wort des Zisterzienser-Abtes und Kreuzzugspredigers *Bernhard von Clairvaux* (1090–1153).

Labor omnia vincit.
Unablässiges Mühen bezwingt alles, bringt alles fertig.

Eine Motivationsspritze von *Vergil*.

Nolens volens
Ob du willst oder nicht

Unangenehme Aufträge verteilen Sie am besten mit dieser eleganten Umschreibung des heutigen „Vogel, friss oder stirb!"

Opes regum corda subditorium.
Die Herzen der Untertanen sind die Schätze der Könige.

Ein guter Chef, der das von sich behaupten kann!

Divide et impera!
Teile und herrsche!

Angeblich stammt dieses Zitat von *Ludwig XI.*, der den Beinamen „der Grausame" trug (1423–1483). Es könnte jedoch aus der Feder vieler Regenten kommen, die sich Wasserträger, ausgestattet mit einem Teilchen der eigenen Macht, halten. Alle Herrscher der Weltgeschichte haben dieses Prinzip übrigens als den Urquell des eigenen Machterhalts begriffen und ausgiebig genutzt: von Alexander dem Großen bis zu Schreckensherrschern wie Hitler und Stalin.

Ut desint vires, tamen est laudanda voluntas.
Wenn auch die Kräfte fehlen, der Wille ist dennoch zu loben.

Haben Sie einen unfähigen, aber netten Mitarbeiter? Dann spenden Sie Trost mit diesem Wort *Ovids*.

Dum differtur, vita transcurrit.
Während man es aufschiebt, geht das Leben vorüber.

Noch einmal eine Variante des Wortes „Was du heute kannst besorgen ...“

Verstehen Sie den eigentlichen Sinn? Klar, ein Mensch, der ständig Dinge aufschiebt, die längst schon erledigt sein müssten, wird ja nicht freier im Kopf. Im Gegenteil: Ständig mahnt sein böses Gewissen, dass er dies und jenes nicht fertig gebracht hat – dabei zieht das Leben vorüber, die Freude an den Dingen ist permanent getrübt.

Extra ecclesiam nulla salus.
Außerhalb der Kirche (findet man) kein Heil.

Jemand, den Sie halten wollen, will kündigen? Machen Sie Ihren Standpunkt mit *Cyprian*, dem frühchristlichen Bischof von Karthago, deutlich und reden Sie ihm oder ihr ins Gewissen: Dieses und nur dieses Unternehmen ist die „Kirche“, d. h. nur hier bietet sich der allein selig machende Arbeitsplatz und Verantwortungsbereich! Und wie es um die Unfehlbarkeit eines Papstwortes gestellt ist, das wissen wir ja …

Ad multos annos
Auf viele Jahre

Diese Wendung könnte ein positiv verlaufenes Einstellungsgespräch mit einem neuen Mitarbeiter abschließen.

Curriculum vitae
Lebenslauf

Eine Selbstverständlichkeit bei jeder Bewerbung.

Discite iustitiam moniti et non temnere divos.
Lernet, gewarnt, recht tun und nicht missachten die Götter!

Geben Sie dieses wunderschöne und zeitlose Zitat des göttlichen *Vergil* an den Nachwuchs in der Firma weiter!

Gutta cavat lapidem.
Steter Tropfen höhlt den Stein.

Der erste Motivationstrainer der Menschheitsgeschichte: *Ovid.*

Homo sapiens
Der vernunftbegabte (wissende) Mensch

Falls einer nicht so mitzieht, packen Sie ihn bei der Ehre!

In absentia
In Abwesenheit

Schulen Sie Ihr Sekretariat! Ihre Post sollte, sofern Sie im Auftrag unterzeichnen lassen, statt mit „i. A." mit der vollen Phrase „In absentia" unterschrieben sein. Das macht Eindruck!

In nomine
Im Namen, im Auftrag

Magis prodesse quam praeesse
Mehr nützen als herrschen

So wie der Ordensgründer *Benedictus von Nursia* (um 500 n. Chr.) sollten auch Sie die Personalführung verstehen: „Ihr" Job steht in der Gesamtverantwortung des Unternehmens! Machen Sie sich also klar, dass jeder ersetzbar ist, und stiften Sie Nutzen!

Mala fide
Wider besseres Wissen

So könnten Sie den Text bei einer Abmahnung beginnen: „Mala fide hat Herr ...“

Medio tutissimus ibis.
In der Mitte wirst du am sichersten gehen.

Sie haben einen hitzköpfigen Kollegen, dessen Temperament ungewöhnlich große Ausschläge macht? Geben Sie den Rat des *Ovid* an ihn weiter.

Dignus est intrare.
Er ist würdig einzutreten.

Eine sehr förmliche, aber auch sehr eindrucksvolle Art, die Erlaubnis zum Eintritt in das Chefbüro auszusprechen.

Nemo enim potest personam diu ferre.
Niemand kann auf Dauer eine Maske tragen.

Hat ein Mitarbeiter Sie enttäuscht? Sie haben ihn eingestellt und waren anfangs recht zufrieden. Heute aber ist er nachlässig und ineffektiv geworden? Reden Sie ihm mit *Seneca dem Jüngeren* ins Gewissen.

Ne sutor supra crepidam.
Schuster, geh nicht über die Sandale hinaus (bleib bei deinen Leisten).

Übersetzung für ein mahnendes Gespräch: Tu das, was du kannst! Bleib bei deinen Kompetenzen!

Nil admirari
Sich über nichts wundern

Sie schulen junge Führungskräfte? Geben Sie dem Nachwuchs diesen Grundsatz von *Pythagoras* (Sie wissen noch: $c^2=a^2+b^2$) mit auf den Weg. Er schützt vor frühen Frustrationen.

Nil mortalibus arduum est.
Nichts ist den Sterblichen zu schwer.

Ihre Mitarbeiter könnten sich an *Horaz* ein Beispiel nehmen.

Nomen est omen.
Der Name ist Vorzeichen.

Sie haben einen Herrn Spät eingestellt, der immer zu spät kommt und seinem Namen alle Ehre macht. Sic! nach *Plautus*!

Post festum
Nach dem Fest

Herrn Spät können Sie mahnen, indem Sie ihm ein „Na, schon wieder post festum (zu spät)" entgegenhalten …

Potius sero quam numquam
Lieber spät als niemals

... So könnte Spät kontern.

Non plus ultra
Unübertrefflich

Zur Abwechslung ein Lob an Kollegen, die eine wirklich glänzende und außergewöhnlich brillante Leistung vollbracht haben. Seien Sie ansonsten aber sehr sparsam mit solchen Superlativen – sonst bleibt nur noch der „Hyperlativ".

Nova artificia docuit fames.
Neue Künste lehrte der Hunger.

Welch treffliche Warnung *Senecas des Jüngeren* an alle Faulenzer. Ja, Not macht erfinderisch; offensichtlich fördern Mangel, Verzicht und Küchenmeister „Schmalhans" die Kreativität.

Patria est ubicumque bene.
Das Vaterland ist überall, wo es dir gut geht.

Machen Sie der Belegschaft ab und zu ruhig einmal klar, wie gut es ihr im Unternehmen geht.

Qualis rex, talis grex.
Wie der König, so die Herde.

Seien Sie ein gutes Vorbild und zitieren Sie!

Quamvis sint sub aqua, sub aqua maledicere temptant.
Ob sie im Wasser auch sind, sie schimpfen auch unter Wasser.

Undankbaren Mitarbeitern halten Sie die Einsicht *Ovids* entgegen.

Labor voluptasque, dissimillima natura, societate quadam inter se naturali sunt iuncta.
Arbeit und Vergnügen, von Natur aus Gegensätze, sind durch ein natürliches Band miteinander verbunden.

Was *Livius („Ab urbe condita")* mit dieser Sentenz zum Ausdruck bringt, liegt auf der Hand: Harte Arbeit macht zufrieden, stärkt das Selbstbewusstsein und mehrt die Freude am Erfolg: pures Vergnügen also!

Onus est honos.
Würde ist Bürde.

Die Rolle des Vorgesetzten macht nicht nur Freude – manchmal ist sie auch eine Last.

Primus inter pares
Der Erste unter Gleichen

Zu Ihrem Selbstverständnis als Chef ...

Proximus sum egomet mihi.
Ich bin mir selbst der Nächste.

... oder halten Sie es eher mit *Terenz*?

Semper et ubique
Immer und überall

Empfiehlt sich für einen Passus in Einstellungsverträgen. Zum Beispiel:

„Sie haben die Aufgabe, die Firma zu repräsentieren – semper et ubique.

Wir erwarten Zuverlässigkeit – semper et ubique ...“

Exemplum statuere
Zur Abschreckung bestrafen

Ein Exempel statuiert, wer ein abschreckendes Beispiel vorführt.

Quae nocent, docent.
Was schadet, lehrt.

Aus Fehlern lernt man.

Per aspera ad astra
Durch Raues zu den Sternen

Im übertragenen Sinne: durch Arbeit zum Erfolg.

Per crucem ad lucem
Durch das Kreuz ans Licht

Im übertragenen Sinne: durch Leid zur Erlösung oder durch Schmerz zur Heilung.

Per noctem ad lucem
Durch die Nacht zum Licht

Im übertragenen Sinne: durch Suche zur Erkenntnis.

Diese drei letzten Zitate lassen sich zur Motivation der Belegschaft einsetzen.

Panem et circenses
Brot und Spiele

Die Römer waren leidenschaftliche „Spieler". Innerhalb der römischen Zivilisation nahmen die Spiele einen immer bedeutenderen Platz ein. Zunächst hatten sie einen religiösen Bezug, später feierten die Römer damit – besonders in der Regierungszeit *Cäsars* – militärische Erfolge und Gedenktage. Sinnbild der Spiele war der Circus Maximus in Rom, der Platz für 150 000 Zuschauer bot und mit Wagenrennen, Gladiatorenschaukämpfen und Tierhetzen für Begeisterung sorgte.

Panem et circenses sind auch in der Moderne von Bedeutung, wenngleich es nicht mehr Gladiatorenkämpfe sein müssen – hin und wieder ein Betriebsausflug tut's auch.

Iam scis patrem tuum mercedes perdidisse.
Du wirst bald merken, dass dein Vater das Lehrgeld hinausgeworfen hat.

Hoffnungsloser Azubi? Zitieren Sie einen unbekannten römischen Lehrherrn ...

In teneris discere multum est.
Es bedeutet (bringt) viel, in der Jugend zu lernen.

... und halten Sie dem Azubi auch dieses vor!

Navigare necesse est, vivere non necesse est.
Seefahrt ist notwendig, Leben nicht.

Sind Sie für die „harte Schule"? Dann liefert Cäsars Zeitgenosse, der Feldherr und Politiker *Pompeius,* die passende Zitatvorlage.

Tipp: Wie wäre es mit „Laborare necesse est, vivere non necesse est" – „Arbeiten ist notwendig ..."

Plenus venter non studet libenter.
Ein voller Bauch studiert nicht gern.

Schränken Sie die Mittagspausen ein!

Crimen laesae maiestatis
Das Verbrechen der Majestätsbeleidigung

Tipp für eine Abmahnung: „Herr XY hat sich des *crimen laesae maiestatis* schuldig gemacht ..."

Languent per inertiam saginata nec labore tantum, sed motu et ipso sui onere deficiunt.
Was sich mit Nichtstun mästet, bleibt ohne Kraft und verausgabt sich nicht nur durch Anstrengung, sondern schon durch Bewegung und das eigene Gewicht.

Aufgepasst! Achten Sie als Vorgesetzter peinlich genau auf das Risiko, sich einen Mobbingfall einzuhandeln. Aber treffend würde dieses Zitat von *Seneca dem Jüngeren („De providentia")* schon auf die Faulenzer in Ihrem Team passen ...

Ad arma!
Zu den Waffen!

Im übertragenen Sinne beschließen Sie Ihre Ansprache an die Belegschaft mit „An die Arbeit!"

Licet
Es ist erlaubt

... für Ihre To-do- und Not-to-do-Liste!

Sine ira et studio
Ohne Zorn und ohne Parteinahme

So sind Sie der ideale Chef: objektiv und rational.

Ac mihi quidem videntur huc omnia esse referenda iis, qui praesunt aliis, ut ii, qui erunt in eorum imperio, sint quam beatissimi.
Meiner Meinung nach muss der, der anderen gebietet, alles darauf abstellen, dass die ihm Untergebenen möglichst glücklich sind.

Nicht zu fassen! *Cicero* hat hier in „*Ad Quintum fratrem*" *1* das Prinzip des modernen Managements vorweggenommen.

Acerbarum facetiarum apud praepotentes in longum memoria est.
Für beißende Witze haben Machthaber ein langes Gedächtnis.

Wer in einem Unternehmen oder in der Politik an der Spitze steht oder sich in einer anderen exponierten Stellung befindet, muss nicht nur mit der Kritik, sondern manchmal auch mit dem Spott von „Untergebenen" rechnen. Dabei finden Spott und „beißende Witze" meistens hinter dem Rücken der Person statt, auf die sie abzielen. Für Vorgesetzte mit einem großen Ego ist es nicht immer leicht zu ertragen, wenn sie erfahren, was während ihrer Abwesenheit über sie gemunkelt wird. Da heißt es gelassen bleiben und nicht etwa, wie *Tacitus* hier beschreibt, den passenden Zeitpunkt abzuwarten, um sich zu rächen ...

Age, quod agis!
Was du tust, das tu auch richtig!

Dies sollte der Leitspruch, die Lebensmaxime, für Chefs sein: Wer danach verfährt, wird mit sich stets „im Reinen" sein, meinte *Plautus* in den „*Mostellaria*".

Ad vivum resecare
Auf das lebendige Fleisch zurückschneiden

Was kann Cicero *(„Laelius de amicitia")* wohl damit gemeint haben? Klar: Er spricht die Konzentration auf das Wesentliche an, auf das „lebendige Fleisch" eben, das unter einer Schicht von Fett und Speck zu finden ist. Der Rhetoriker meint damit also, „etwas auf das Genaueste zu verfolgen", etwas akribisch zu analysieren und zu untersuchen. Dies ist ein schönes Wort für einen strengen und genauen Chef!

Ad utrumque paratus
Für beides gerüstet (sein)

Vorbereitung ist alles, sagt *Lactantius („De moribus persecutorum")*. Ihre Mitarbeiter sollten dies in allen Situationen des Arbeitslebens berücksichtigen.

A Iove percussus non leve vulnus habet.
Wer von Jupiter getroffen ist, hat keine leichte Wunde.

Dies ist ein Wort, das allen zur Warnung dienen sollte, die sich der Autorität der Führungspersönlichkeit widersetzen. Von den Römern wissen wir, dass sie noch in der augusteischen Zeit die gesamte römische Geschichte als Beweis dafür betrachteten, dass ihre Weltherrschaft lediglich aus der Befolgung des göttlichen Willens, dem *sequi deos*, resultierte. So schrieb *Livius*: „Ihr werdet finden, dass denjenigen, die den Göttern folgten, alles glückte, denjenigen, die sie missachteten, Unheil beschieden war."

Mit einer Anspielung auf den mächtigen Gott des Himmelsgewölbes, den Blitze schleudernden Staats-Gott Jupiter also, können Sie stilvoll deutlich machen, wer das Sagen hat!

Das Zitat stammt aus den *„Epistulae ex Ponto"* des großen *Ovid*.

Fabas indulcet fames.
Der Hunger macht Bohnen süß.

Nein, Sie sind im Recht: Bohnen sind nicht süß, sondern schmecken von Hause aus leicht bitter. Süß werden sie allerdings bzw. süß schmecken sie in unserer Vorstellung, wenn wir lange Zeit nichts mehr gegessen haben. Der Hunger macht sie also süß. Diese *volkstümliche* Sentenz entspricht unserem „Der Hunger ist der beste Koch".

Fabula quanta fui!
Wie sehr bin ich doch ins Gerede gekommen!

Wir hoffen für Sie und Ihre Position, dass Sie diesen Seufzer von *Horatius („Iambi")* nicht auch einmal ausstoßen müssen.

1.2 Latein im Wirtschaftsleben und für den Umgang mit der Konkurrenz

A casu describe diem, non solis ab orto.
Bewerte den Tag vom Untergang, nicht vom Aufgang der Sonne an.

Klar, man soll den „Tag nicht vor dem Abend loben", denn niemand weiß, was der Nachmittag nach einem erfolgreich verlaufenen Vormittag noch alles bringen kann. Gut passt dieses Zitat aus dem Mittelalter übrigens auch als Tipp für die Analyse einer Unternehmensbilanz. Wer weiß denn schon wirklich, was hier so alles verborgen bleibt, wenn er das Zahlenwerk nur oberflächlich bewertet?

Ab homine homini cotidianum periculum; adversus hoc te expedi, hoc intensis oculis intuere: nullum est malum frequentius, nullum pertinacius, nullum blandius.
Dem Menschen droht vom Menschen täglich Gefahr; dagegen rüste dich und verfolge es aufmerksam; kein Übel kommt häufiger vor, keines ist hartnäckiger, keines verlockender.

„Augen auf! Sei wachsam!" So einfach könnte der moderne Mensch die philosophische Einsicht *Senecas des Jüngeren*, aufgeschrieben in den *„Epistulae morales"*, auch übersetzen. Auf die Wirtschaft übertragen heißt es: „Der Wettbewerb ist hart. Achte immer auf deine Konkurrenten!" Ein ideales Zitat für ein mahnendes Wort an die Mitarbeiter.

Abducet praedam, qui occurrit prior.
Die Beute nimmt, wer zuerst kommt.

Plautus hat hier in den *„Pseudolus-Versen"* ein uraltes Gesetz der Menschheitsgeschichte formuliert. Wir kennen es auch in dieser Variante: Wer zuerst kommt, mahlt zuerst. Für die Marktwirtschaft ein Leitsatz ersten Grades!

Absque aere mutum est Apollinis oraculum.
Ohne Geld bleibt das Orakel Apolls stumm.

Schon im Mittelalter wusste man sich vor Gehaltsverhandlungen zu wappnen: Ohne Moos nix los!

Absque labore gravi non possunt magna parari.
Ohne schwere Arbeit kann nichts Großes entstehen.

Befinden Sie sich hingegen in der anderen Position und wollen Sie die Gehaltsforderung eines unverdienten Kollegen abwehren, empfiehlt sich die oben stehende Variante.

Vae victis!
Wehe den Besiegten!

An diesem Spruch des Geschichtsschreibers *Titus Livius* hat sich auch nach 2000 Jahren wenig geändert – ob auf dem Schlachtfeld oder an der Börse.

Ceterum censeo Carthaginem esse delendam.
Im Übrigen bin ich der Meinung, dass Karthago zerstört werden muss.

Sie haben einen harten Wettbewerber in der Branche, einen Konkurrenten, der Sie ärgert, Ihnen Kopfzerbrechen bereitet, gute Aufträge vor der Nase wegschnappt? Dann sonnen Sie sich wenigstens im Licht eines der populärsten lateinischen Zitate und demonstrieren Sie der Belegschaft mit den Worten des Senators *Marcus Porcius Cato* Unnachgiebigkeit und Kampfesmut. Der „ewige" und härteste Gegner des römischen Imperiums, Karthago, kann jederzeit durch „Firma xy" ersetzt werden!

Iniqua numquam regna perpetuo manent.
Ungerechte Reiche währen niemals ewig.

Ein schönes Wort *Senecas des Älteren*, das Sie als rhetorische Pfeilspitze gegen lästige Konkurrenten abschießen können.

Mundus vult decipi, ergo decipiatur.
Die Welt will betrogen werden, also soll sie betrogen werden.

Das Motto jedes guten Verkäufers. Stammt angeblich von *Martin Luther*, einem perfekten „Verkäufer" in Sachen Reformation – dem hier aber weiß Gott kein Betrug unterstellt werden soll …

Si vis pacem, para bellum.
Wenn du Frieden willst, bereite Krieg vor.

Diese Philosophie des Kalten Krieges gilt mehr denn je im Wirtschaftsleben.

Homo homini lupus.
Der Mensch ist dem Menschen ein Wolf.

Wie wahr. Marktwirtschaft ist kein „Zuckerschlecken". Thomas Hobbes (1588–1679), einer der geistigen Begründer des wirtschaftlichen Liberalismus, drückte hiermit aus, dass der Mensch, wenn es um „Beute" geht, sich seinem Mitmenschen gegenüber durchaus so verhalten kann wie ein Räuber gegenüber seinem Opfer.

Victrix causa diis placuit, sed victa Catoni.
Die siegreiche Sache gefiel den Göttern, die unterlegene aber dem Cato.

Sinniger Kommentar des *Marcus Annaeus Lucanus* in seinen *„Pharsalia" 1,128.*

Übrigens: Wir wollen natürlich niemals *Cato* sein!

Annuntio vobis gaudium magnum – habemus mandatum.
Ich verkünde euch eine große Freude, wir haben den Auftrag.

Diese wunderschöne Formulierung ist natürlich umgewandelt. Ihr Ursprung geht auf die Bekanntgabe des neuen Papstes nach der

Papstwahl zurück und lautet: „Annuntio vobis gaudium magnum –
habemus Papam."

Was ist päpstlicher als ein lukrativer Auftrag?

Bella matribus detesta
Die von den Müttern verfluchten Kriege

Zu den Zeiten, als der römische Historiker und Dichter *Horaz* diese
Wendung zu Papier brachte, war die Rede von Armeen, die sich
Schlachten lieferten. Heute hingegen sprechen wir in militärischen
Termini von „Übernahmeschlachten" und „unfriendly takeovers".
Welch schöner Stoßseufzer könnte Ihnen vor den hocherfreuten Vor-
standskollegen nach der erfolgreichen Übernahme eines Konkur-
renten da entrinnen?

Manus manum lavat.
Eine Hand wäscht die andere.

Geißeln Sie die Korruption unter Ihren Konkurrenten! In Fortset-
zung lautet das Zitat: „... und beide bleiben schmutzig!"

Nam tua res agitur, paries cum proximus ardet.
Denn dein Eigentum wird gefährdet, wenn des Nachbarn
Haus brennt.

Dieses Zitat von *Horaz* lässt sich vorzüglich in eine „Brandrede"
einbauen. Zum Beispiel: „Sie wissen, meine sehr geehrten Zuhörer
und Zuhörerinnen, dass sich nicht nur die allgemeine konjunkturelle
Lage sehr verschlechtert hat. Auch und gerade unsere Branche lei-
det sehr stark unter sinkenden Umsatz- und Ertragszahlen. Bedenken
Sie aber: Nam tua res agitur, paries cum proximus ardet – Denn dein
Eigentum wird gefährdet, wenn des Nachbarn Haus brennt!"

Oremus.
Lasst uns beten.

Wenn nichts mehr hilft und die Lage denkbar schlecht ist, phrasieren Sie ...

Ut sciant gentes quoniam homines sunt.
Die Völker sollten wissen, dass sie Menschen sind.

Im übertragenen Sinne könnte man mit dem Kirchenvater *Augustinus* sagen: „Unternehmen sollten wissen, dass sie Menschen sind" – auch im freien Wettbewerb sollte „menschlich" (und nicht skrupellos) gehandelt werden.

Veni, vidi, vici.
Ich kam, sah und siegte.

Reichlich abgeschmackt allerdings wäre ein Rückgriff auf *Cäsar* – beispielsweise nach der feindlichen Übernahme eines Wettbewerbers.

Videant consules ne quid res publica detrimenti capiat.
Die Konsuln mögen dafür sorgen, dass der Staat keinen Schaden nimmt.

Was für die Römer ihre *res publica*, der Staat, ist für Sie die Firma. Orientieren Sie sich an der Intention des Senats-Beschlusses (Ihres Vorstands), welche ausschlaggebend dafür war, die Konsuln (Sie und Ihre Mit-Geschäftsführer) mit Vollmachten auszustatten.

Quiquid id est, timeo Danaos et(iam) dona ferentes.
Was immer es sein mag, ich fürchte die Griechen, auch wenn sie Geschenke bringen.

Dieses Zitat passt wunderbar für Ihre Beurteilung einer beabsichtigten Kooperation oder Fusion mit einem anderen Unternehmen. Denken Sie an die Geschichte mit dem Trojanischen Pferd. Damit konnten die Griechen das massiv befestigte Troja überlisten. Sie bauten ein hölzernes Pferd, in dessen Bauch sich Krieger versteckten, und kamen so als „Geschenk" in die Stadt, deren Bewacher sie, nachdem die Tore geöffnet worden waren, mit Hilfe ihrer Mitstreiter besiegten. Zwar heißt es bei uns „Einem geschenkten Gaul schaut man nicht ins Maul" – achten Sie gleichwohl darauf, ob eine Fusion wirklich sinnvoll ist!

Omnia ad maiorem dei gloriam
Alles zur größeren Ehre Gottes

Suchen Sie einen höheren Sinn im Management? That's it!

Sic itur ad astra.
So steigt man auf zu den Sternen.

So wird man richtig gut, meint *Vergil*.

Fas est et ab hoste doceri.
Auch vom Feind lernen ist recht.

Richtig! Abkupfern, kopieren, plagiieren ... und stets bedenken: ...

Istud, quod tu summum putas, gradus est.
Was du für den Gipfel hältst, ist nur eine Stufe.

... „Der Weg ist das Ziel" (frei übersetzt).

Princeps senatus
Der Erste im Senat

Angesehenstes Mitglied des Senats – Ihr Vorstandsvorsitzender!

Actus me invito non est meus actus.

Ein Geschäftsabschluss gegen meinen Willlen ist nicht mein Geschäftsabschluss.

Rechtsregel.

Alitur aemulatione ingenium et nunc invidia, nunc admiratio imitationem accendit.

Genialität wird durch Konkurrenz gefördert und bald fordert Neid, bald Bewunderung zur Nachahmung heraus.

„Konkurrenz belebt das Geschäft", lautet das Grundprinzip der Marktwirtschaft, das bereits *Velleius Paterculus („Historia Romana" 1)* hier beschrieben hat. Höchstleistungen werden in jedem Metier nur durch den Vergleich mit Wettbewerbern erzielt; einzig dieser schraubt die Motivation in ungeahnte Höhen.

1.3 Scharfe verbale Waffen für Streitgespräche und Diskussionen

E contrario
Im Gegenteil

Dies zu Beginn Ihrer Erwiderung – und Ihr Konterpart geht in die Knie!

Apices iuris
Juristische Spitzfindigkeiten

Nicht nur die Juristen sind spitzfindig – Beckmesser und Haarspalter finden sich überall. Machen Sie klar, was Sie davon halten.

Quot homines, tot sententiae.
Wie viele Menschen, so viele Meinungen.

Heute würden wir *Terenz* mit dem Sprichwort „Viele Köche verderben den Brei" übersetzen.

Si tacuisses, philosophus mansisses.
Hättest du geschwiegen, wärst du ein Philosoph geblieben.

Ein schönes und zugleich infames Wort von *Boethius* für Ihren rhetorischen Gegner.

Appello a papa malo informato ad papam melius informandum.
Ich appelliere vom schlecht unterrichteten Papst an den besser zu unterrichtenden Papst.

Sie leiden unter einem Vorgesetzten, der zu einem schnellen Urteil neigt oder sich von Gerüchten und Geschwätz leiten lässt? Antworten Sie ihm mit *Martin Luther.*

Facilis ab eloquentia in omnes artes decursus est.
Leicht ist der Übergang von der Beredsamkeit zu allen anderen Künsten.

Seneca der Ältere („Controversiae") hält die Kunst der freien Rede, verbunden mit Argumentationsgeschick, Improvisationstalent und Streitlust, für die geeignete intellektuelle Vorbereitung für alle anderen Künste. In der römischen Republik galt die Rhetorik als Wissenschaft und Kunst. Oh je! In der „Moderne" ist sie hinabgesunken auf das Niveau von Volkshochschulkursen und „Talkshows".

Loco citato
An angeführter Stelle

Tipp: Sie führen ein Streitgespräch und verweisen mit dieser Formel auf eine Stelle in der Literatur. Das schafft Respekt.

Nulla salus bello, pacem te poscimus omnes.
Heil liegt nicht im Krieg, wir bitten dich alle um Frieden.

Sie befinden sich im Nachteil und benötigen dringend einen rhetorischen Waffenstillstand? *Vergil* hilft.

Accepi enim non minus interdum oratorium esse tacere quam dicere.
Ich nämlich habe gelernt, dass Schweigen manchmal nicht weniger beredt ist als Sprechen.

Eine sehr elegante Art, mit der Sie nach *Plinius dem Jüngeren* („Epistulae" 7) sehr deutlich machen können, dass es für Ihren Gesprächspartner besser gewesen wäre, er hätte geschwiegen.

Qui tacet, consentire videtur.
Wer schweigt, scheint zuzustimmen.

Sehr geschickt!

Tertius gaudens
Der lachende Dritte

Machen Sie Ihren Konterpart auf die Möglichkeit aufmerksam, dass es, wenn sich zwei streiten, einen Dritten geben könnte, den das freut.

Silent leges inter arma.
Im Waffenlärm schweigen die Gesetze.

Auch ein gutes Argument für die friedliche Beilegung eines Streitgesprächs.

Roma locuta, causa finita.
Rom hat gesprochen, die Sache ist erledigt.

Ein guter Satz, um eine Debatte abzuschließen. Die Sentenz betrifft eigentlich religiöse Fragen. Deshalb kann man sie auch mit „Der Papst (oder Vatikan, Kurie) hat gesprochen ...“ übersetzen.

modus vivendi
Kompromiss

Haec res me nihil commovet.
Diese Angelegenheit erregt mich in keiner Weise.

Richtig: Immer cool bleiben und den Gegner damit ärgern.

Adhuc supersunt multa, quae possim loqui.
Ich hätte noch viel zu sagen.

Mit dieser Sentenz von *Phaedrus („Fabulae“)* beschließen Sie eine Argumentationskette.

Quid me vituperas?
In welcher Angelegenheit (wie) tadelst du mich?

Im übertragenen Sinne: Wo genau liegt Ihr Problem?

Dubito haec ita explicare.
Ich zögere, das auf diese Weise zu erklären.

Oder auch: Haben Sie das immer noch nicht kapiert?

Adhuc neminem cognovi poetam, qui sibi non optimus videretur.
Ich habe noch keinen Dichter kennen gelernt, der sich nicht selbst für den besten gehalten hätte.

Tipp: Dämpfer für einen allzu eingebildeten Konterpart.

Opinione maior
Größer im Vergleich zur Meinung

Mit dieser Phrase drücken Sie aus, dass etwas größer ist, als man meint (mehr kostet, mehr wiegt etc.), dass es über Erwarten groß ist.

Aequo plus
Mehr im Vergleich zum Angemessenen

Im übertragenen Sinne formulieren Sie hier: „Mehr, als recht und billig ist."

Admodum tenui filo suspensum esse
An einem ziemlich dünnen Faden hängen

Tipp: „Ihr Argument hängt an einem seidenen Faden ..."

Minima de malis
Das geringere der Übel

Tipp: „Minima de malis ist die Entscheidung, dass ..."

Abyssus abyssum invocat.
Eine Tiefe ruft eine Tiefe nach.

Im übertragenen Sinne sagt uns die *„Vulgata" (Psalmus 42, 8)* hier:
Ein Irrtum zieht den nächsten nach sich. – Eine schöne Attacke auf
Ihren Gegner mit dem rhetorischen Florett im verbalen Streitge-
fecht!

Ad fontes
Zu den Quellen

Im übertragenen Sinne: „an den Ursprung gehen, die eigentliche Ursache ergründen". Tipp: „Wenn Sie das sagen, gehen wir doch einmal ad fontes."

Ad verbum
Wort für Wort

Tipp: „Ich werde Sie widerlegen – ad verbum!"

1.4 Wenn sich das Gewissen rührt …

Saepe te considera.
Prüfe oft dein Herz.

Liegen Sie richtig bei allem, was Sie denken, von anderen annehmen, sich selbst zum Ziel gesetzt haben, und damit, wie Sie handeln? Das sind Gewissensfragen! – *Phaedrus („Fabulae")*

Ad se ipsum
Zu sich selbst

Cicero („De oratore") meint hiermit, zum eigenen Gewissen, zum eigenen Ursprung finden.

Aliis qui male dicunt, ipsi faciunt sibi convicium.
Wer andere schmäht, macht sich selbst Vorwürfe.

Lange vor Sigmund Freud wusste ein *Publilius Syrus („Sententiae"),* was es mit der „Kompensation" auf sich hatte … Lästern über die Mitmenschen fällt häufig auf einen selbst zurück und soll eigene, als unzulänglich oder fehlerhaft empfundene Eigenschaften erträglicher machen.

Alios effugere saepe, te numquam potes.
Anderen kannst du oft entkommen, dir selbst niemals.

Auch hier zeigt *Publilius Syrus („Sententiae")* auf, wie sehr der Mensch in sich selbst gefangen ist.

Aetas parentum peior avis tulit
nos nequiores mox daturos
progeniem vitiosiorem.

Die Generation der Eltern, schlechter als die der Vorfahren,
hat uns geboren, die wir noch schlechter sind
und eine noch lasterhaftere Nachkommenschaft
hervorbringen werden

Oh je, *Horatius („Carmina")* formuliert eine nicht zu übertreffende Selbstanklage. Zu diesem harten Mittel sollten Sie erst dann greifen, wenn Hopfen und Malz verloren sind, der Karren tief im Dreck steckt und Sie die Belegschaft nur noch mit brachialen Methoden aufrütteln können.

1.5 Vertrauen, Verträge, Vereinbarungen

Aequum est reponi per fidem quod creditum est.
Es ist angezeigt, getreu aufzubewahren, was einem anvertraut wurde.

Plautus („Cistellaria") meint damit zweierlei:

Zum einen soll das, was einem im Vertrauen gesagt wurde, nicht weitererzählt werden – dies können nicht viele!

Zum anderen geht es um materielle Dinge, die nicht verschwendet werden sollen.

Pactum est duorum consensus atque conventio.
Ein Vertrag ist Zustimmung und Übereinkunft zweier Partner.

Was ist ein Vertrag? Das Bürgerliche Gesetzbuch Roms, das *„Corpus Iuris Civilis (Digesta)"* definiert es.

Pacta novissima servari oportere tam iuris quam ipsius rei aequitas postulat.
Dass die zuletzt vereinbarten Verträge eingehalten werden müssen, verlangt die Angemessenheit des Rechts und der Sache selbst.

Dieser Satz aus dem *„Corpus Iuris Civilis"* bezieht sich auf die Aktualität geschlossener Verträge. Besonders die zuletzt getroffenen Vereinbarungen, die eventuell früher geschlossene Verträge ergänzen, modifizieren oder ganz oder teilweise aufheben, haben Rechtsstatus.

Pacta sunt servanda.
Verträge müssen eingehalten werden.

Wieder ein durch die Rhetorik des Franz Josef Strauß berühmt gewordenes Wort. Der ehemalige Metzgerssohn aus München und stolzer Besitzer des „Großen Latinum" hat *Cicero („De officiis")* in dieser Weise wohl hunderte Male zitiert: Bei Koalitionsstreitigkeiten, bei Krächen mit der Schwesterpartei und im Verhandlungsmarathon mit Tarifparteien.

Pacta, quae contra leges constitutionesque vel contra bonos mores fiunt, nullam vim habere indubitati iuris est.
Vereinbarungen, die gegen Gesetze und Verordnungen oder gegen die guten Sitten getroffen werden, haben zweifelsfrei keine rechtliche Wirkung.

Dieser Rechtsgrundsatz aus dem Bürgerlichen Gesetzbuch Roms, dem „*Corpus Iuris Civilis"*, hat auch heute noch bindende Wirkung! Privatrechtliche Vereinbarungen, die gegen öffentliches Recht verstoßen, können nicht vollzogen und umgesetzt werden.

Pacta, quae turpem causam continent, non sunt observanda.
Abmachungen, die einen sittenwidrigen Zweck enthalten, sind nicht zu beachten.

Derselbe Grundsatz aus dem „*Corpus Iuris Civilis (Digesta)"* in einer anderen Formulierung.

1.6 Managementfehler und die passenden Entschuldigungen

A fronte praecipitium, a tergo lupi.
Vorne klafft der Abgrund, hinten lauern die Wölfe.

Sie haben sich in eine schier ausweglose Situation manövriert, tun sich Leid und suchen Begleitschutz? Dann zitieren Sie eine Textstelle aus *„Adagia"* von *Erasmus*. Und falls Sie untergehen, tun Sie es auf diese Weise wenigstens mit Stil und Würde.

Ab asinis ad boves transcendere
Von den Eseln an die Stiere geraten

Der großartige römische Komödienschreiber *Plautus* beschrieb in den *„Aulularia"* damit einen Vorgang, den wir heute „Vom Regen in die Traufe kommen" nennen.

Dum spiro, spero.
Solange ich atme, hoffe ich.

... nicht nur Ihnen, sondern auch Ihren Vorgesetzten zum Trost!

Actus non facit reum, nisi mens sit rea.
Die Tat macht keinen zum Schuldigen, wenn sein Sinn nicht schuldig ist.

Eine phantastische Rechtsregel!

Absentem qui rodit, amicum
qui non defendit, alio culpante, solutos
qui captat risus hominum famamque dicacis
fingere qui non visa potest, commissa tacere
qui nequit: hic niger est, nunc tu, Romane, caveto!

Wer einen hinter dem Rücken schlecht macht, den Freund nicht verteidigt, auf das ausgelassene Gelächter der Menge und den Ruf eines Witzboldes aus ist, erfinden kann, was er nicht erlebt hat, Anvertrautes nicht bei sich behalten kann: Das ist eine schwarze Seele, vor dem nimm dich in Acht, Römer!

Stellen Sie sich vor, Sie haben ein Projekt so richtig in den Sand gesetzt. Normalerweise würden Sie jetzt vor Ihren Vorstandskollegen nach den richtigen Worten ringen. Kein Problem mit professionellen Lateinkenntnissen! Diese nur allzu wahre Mahnung des weisen *Horatius* (*„Sermones"*), bedeutungsschwanger im Ton und mit unheilvoller Miene rezitiert, wird Ihre Kollegen nicht nur beeindrucken, sondern auch besänftigen. Ihre Botschaft: Haltet den Dieb, ich war voller guter Absicht, bin aber verraten worden.

Ego sum, qui sum.
Ich bin der, der ich bin.

Damit lässt sich (fast) alles entschuldigen!

Fluctuat nec mergitur.
Von den Wogen geschüttelt, wird es doch nicht untergehen.

Diese Haltung im Falle eines schweren Schnitzers ist Ihren Vorgesetzten bestimmt schon wieder sympathisch! Machen Sie es deshalb so wie die Stadt Paris, die diese Sentenz im Stadtwappen führt.

Homines sumus, non dei.
Wir sind Menschen, keine Götter.

Auch das sollten andere einmal berücksichtigen – so wie *Petronius*.

Homo proponit, sed deus disponit.
Der Mensch denkt, Gott lenkt.

Mea culpa, mea culpa, mea maxima culpa.
Durch meine Schuld, durch meine Schuld, durch meine größte Schuld.

Wenn Sie einen Fehler gemacht haben, der kaum wieder gutzumachen ist, sollten Sie zum allgemeinen Sündenbekenntnis greifen, das am Beginn der Messliturgie steht. Machen Sie jedoch klar, dass es sich nicht nur um „Kirchenlatein" handelt.

Nam vitiis nemo sine nascitur.
Kein Mensch wird ja ohne Fehler geboren.

Auch eine glänzende Ausrede nach *Horaz*.

Ave, Caesar, morituri te salutant.
Sei gegrüßt, Cäsar, die Todgeweihten grüßen dich.

Mit diesem Spruch huldigten die Gladiatoren dem Imperator, bevor sie sich im Colosseum oder einer anderen Kampfarena von wilden Tieren zerfleischen ließen. Vielleicht können Sie Ihrem Gegenüber damit den Wind aus den Segeln nehmen. Wenn Sie Glück haben, fließt kein Blut ...

Bonus vir semper tiro.
Ein guter Mensch bleibt immer Anfänger.

Glänzende Ausrede! Wer will da noch widersprechen?

Homo ludens
Der spielende Mensch

Wie viele Manager „spielen" nicht mit den Millionen ihrer Auftraggeber und Anleger?

Heu me miserum!
Weh mir Armem!

Heischen Sie wie *Terenz* nach Mitleid, wenn Ihnen keine andere Entschuldigung einfällt.

In magnis et voluisse sat est.
Bei großen Dingen genügt es auch, sie gewollt zu haben.

Klar, nicht alles kann klappen. Zählt da nicht schon Ihr guter Wille?
Dies meint jedenfalls *Properz.*

In necessariis unitas, in dubiis libertas, in omnibus caritas.
Im Notwendigen Einheit, im Zweifel Freiheit, in allem Liebe.

Wer könnte Ihnen noch ernsthaft böse sein, wenn Sie Ihre Handlungsweise unter dieses Motto stellen?

Ipse fecit.
Er hat das selbst gemacht.

Sie müssen mit dem Finger auf einen Kollegen zeigen und alle
Schuld an Ihrem eigenen Versagen abstreiten? Bitte schön!

In statu nascendi
Im Zustand des Entstehens

Bitten Sie Ihre Vorstandskollegen elegant um Geduld, wenn Sie die
geforderten Ergebnisse immer noch nicht gebracht haben.

Lapsus linguae
Versprecher

Erinnern Sie daran, dass man sich ja auch mal versprechen kann ...

De profundis clamavi ad te, Domine.
Aus den Abgründen habe ich zu dir gerufen, Herr.

Sehr devot – aber nicht ohne Wirkung auf vergrätzte Vorgesetzte!
(*„Vulgata", Psalmus 130, 1*)

Fama crescit eundo.
Das Gerücht wächst im Weitergehen.

Vermeintliche „Tatsachen" werden immer mehr verfälscht, je öfter sie weitergereicht werden. Warum Fehler eingestehen, wenn nichts zu beweisen ist? „Alles nur Gerüchte!"

Impavidi progrediamur.
Unverzagt wollen wir vorwärts schreiten.

Der Blick in die Zukunft gilt als Versprechen unentwegter Arbeit und tröstet über die fehlerhafte Gegenwart hinweg.

In spe: **zukünftig**
In statu quo: **im gegenwärtigen Zustand**

Müssen Sie Hoffnung verbreiten, benützen Sie doch diese Phrasen – etwa so: „In statu quo müssen wir zwar noch einen Absatz in Höhe von lediglich… hinnehmen, in spe jedoch rechnen wir mit ..."

Mea parvitas
Meine Wenigkeit

Tipp: „Mea parvitas meint dazu ..."

Finis coronat opus.
Das Ende krönt das Werk.

Diese Variante der Entschuldigung auf Lateinisch ruft zur Geduld auf: Bitte warten, alles wird gut! Oder auch: Entscheidend ist, was am Ende herauskommt.

Ultima ratio
Äußerstes Mittel

Im übertragenen Sinne: In letzter Konsequenz musste ich so und so handeln ... Der Hinweis darauf impliziert die Ausweglosigkeit einer Situation, in der man nur so und so handeln konnte.

Quem di diligunt, adulescens moritur.
Jung stirbt, wen die Götter lieben.

Eine nicht unintelligente Art der Entschuldigung für große Fehler, frei nach *Plautus*: „Okay, ich gebe mein Amt ab und ‚sterbe', dafür lieben mich aber die ‚Götter' ..."

Captatio benevolentiae
Haschen nach Wohlwollen

Respekt! Das kommt gut. Tipp: „Ich bin keiner, welcher der *captatio benevolentiae* bezichtigt werden könnte." Damit stellen Sie klar, dass Ihre Handlungen nicht auf persönliche Eitelkeit zurückzuführen sind, sondern lediglich sachlich motiviert und am Wohl des Ganzen ausgerichtet sind.

Aliena vitia in oculis habemus, a tergo nostra sunt.
Die Fehler anderer stechen uns in die Augen, die eigenen lassen wir in unserem Rücken.

„In unserem Rücken lassen": *Seneca der Jüngere („De ira")* meint damit, dass wir uns weigern, den eigenen Unzulänglichkeiten ins Auge zu sehen.

Aliquando quis manus in sinu tenens plus proficit, quam qui exertis lacertis tota die satagit.
Wer die Hände in den Taschen lässt, richtet manchmal mehr aus, als wer sich mit bloßen (nackten) Armen den ganzen Tag (lang) abrackert.

Nicht immer ist der, der offensichtlich weniger arbeitet als andere, faul. Manchmal sind seine Arbeitsorganisation und Produktivität einfach effektiver und höher – das lehrt *„Galandus Regniacensis, Libellus Proverbiorum"*.

Papulas observatis alienas obsiti plurimis ulceribus.
**Bedeckt mit zahlreichen Geschwüren seht ihr nur die Pickel
an anderen.**

Seneca der Jüngere („De vita beata") formuliert auf seine Weise,
was wir als Wort vom „Balken im eigenen Auge und Splitter im
Auge des Bruders" kennen.

Aperta transire
Am Offensichtlichen achtlos vorbeigehen

Ein schönes Wort, um Auszubildenden bewusst zu machen, dass
es auf das Wesentliche ankommt. *Seneca der Jüngere („Epistulae
morales")* variiert hier unsere übliche Floskel „Den Wald vor lauter
Bäumen nicht sehen".

*Ad rem gerendam autem qui accedit, caveat, ne id modo con-
sideret, quam illa res honesta sit, sed etiam ut habeat efficien-
di facultatem.*
**Wer eine Aufgabe übernimmt, muss darauf achten, dass er
nicht nur bedenkt, wie ehrenvoll sie ist, sondern dass er
auch die Möglichkeit hat, sie durchzusetzen.**

Wer „A" sagt, muss auch „B" sagen, meint *Cicero („De officiis")* –
gerade, wenn er eine Aufgabe übernommen hat.

Saeva et infesta virtutibus tempora.
Chaotisch und leistungsfeindlich sind die Verhältnisse.

Sie benötigen eine „Generalabsolution" Ihrer Vorgesetzten? Dann
versuchen Sie es mit *Tacitus („De vita Iulii Agricolae")*.

1.7 Lobreden und Auszeichnungen

Laudatio
Lobrede

Pacata posse omnia mente tueri
Alles in Seelenruhe betrachten können

Mit diesem Wort von *Lucretius („De rerum natura")* lassen sich die Laudationes auf eine Person elegant beginnen. Zum Beispiel: „Unser Ziel, sehr verehrte Zuhörerinnen und Zuhörer, muss zunächst einmal nach einem Wort von Lucretius lauten ‚Pacata posse omnia mente tueri' – alles in Seelenruhe betrachten können. Wir wollen uns ruhig und konzentriert den Lebensweg von Frau XY vor Augen führen …"

A fructibus eorum cognoscetis eos.
An ihren Früchten werdet ihr sie erkennen.

Eine Rede, die so beginnt, kann nur auf Anerkennung stoßen. Besser können Sie Wertschätzung und Respekt bei Ehrungen nicht in Worte fassen! – Aus der lateinischen Bibelübersetzung *„Vulgata",* *Matthaeus 7, 16.*

Coram publico
(Belobigung) in Anwesenheit aller

Tipp: Macht sich gut in jeder Festrede, in der Sie einen Mitarbeiter ehren oder lobend erwähnen. Das Zitat ist auch geeignet für Beschäftigte, die sich zwar nicht besonders motiviert gezeigt haben, es aber immerhin lange mit Ihnen ausgehalten haben.

Cui honorem, honorem.
Ehre, wem Ehre gebührt.

Apostel Paulus („Vulgata", Epistula ad Romanos 13, 7)

Cum laude
Mit Lob

Das Wort entspricht der Note „zwei" für eine Promotion zur Erlangung des Doktorgrades. Wurde ein Arbeitsauftrag unter Ihrer Führung gut erfüllt, verteilen Sie doch mündliche Noten! Siehe folgende:

Magna cum laude
Mit großem Lob/Note eins

Summa cum laude
Mit höchstem (größtem) Lob/Note eins plus

Ergo bibamus!
Drum lasst uns trinken!

... und nach der Lobhudelei auf den Geehrten der passende Trinkspruch:

In vino veritas.
Im Wein ist Wahrheit.

... oder so!

Lege artis
Nach allen Regeln der Kunst ...

...hat Herr XY in unserem Unternehmen gewirkt.

Emeritus
Jemand, der ausgedient hat, im Ruhestand ist

Sie kennen das Wort vom „Unruhestand" – und können es wahrscheinlich nicht mehr hören! Nach Legionen zählen die Verabschiedungsreden für Kollegen, die aus Altersgründen aus dem Unternehmen ausscheiden. Die Alternative der Phrasendrescherei: Sprechen Sie vom „Emeritus" und machen Sie es nicht so wie alle anderen.

Honoris causa
Ehrenhalber, wegen besonderer Verdienste

Doctores h.c., die Doktortitel „ehrenhalber" werden von Universitäten an besonders wichtige Persönlichkeiten verliehen. Strauß hatte mehrere, der ewige Außenminister Genscher auch, Kohl kommt auf einen.

Die Phrase lässt sich bei einer Lobeshymne sehr schön nützen, etwa so: „Honoris causa erhalten Sie heute, sehr verehrter Herr Semmerling, die silberne Anstecknadel unseres Verbandes ..."

In manu illius plumbum aurum fiebat.
In seiner Hand wurde selbst Blei zu Gold.

Suchen Sie das passende Zitat für die Belobigung eines hervorragenden Verkäufers oder Vertrieblers? Okay, that's it – from *Petronius*.

Iustus enim fide vivit.
Der Gerechte lebt nämlich durch den Glauben.

Ein dickes Lob für einen verdienten und langjährigen Mitarbeiter, der sein Arbeitsleben in den Dienst der Firma gestellt hat. Sein „Glaube" an das Wohlergehen des Unternehmens war seine Motivation.

Das Zitat stammt aus der *„Vulgata", Ad Romanos 1, 17.*

Maxima debetur viro reverentia.
Man schuldet dem Mann die größte Ehrfurcht.

Juvenal schrieb eigentlich: „Maxima debetur puero reverentia" – man schuldet dem Knaben die größte Ehrfurcht. Im übertragenen Sinne können Sie diese Sentenz jedoch hervorragend für eine Lobeshymne auf einen verdienten Kollegen verwenden und machen aus dem „Knaben" einen „Mann".

Non solum habet artem laboris sed etiam artem vitae.
Er besitzt (beherrscht) nicht nur die Kunst der Arbeit, sondern auch die Kunst des Lebens.

Schön, wenn der Laudator dies über einen Kollegen sagen kann: „Er ist nicht nur ein Arbeitstier, sondern versteht es auch zu leben."

Aurea mediocritas
Die goldene Mitte

Damit meint der unbekannte Wortschöpfer nicht das Mittelmaß, die „Mediokrität", die niemals zu außergewöhnlichen Leistungen imstande sein wird, sondern die Balance des Lebens, die Ausgewogenheit im Denken und in den Handlungen. Ein Kompliment innerhalb jeder Lobeshymne!

Otium cum dignitate
Muße mit Würde

Das Wort *Ciceros* kann in diesem Zusammenhang mit „wohlverdienter Ruhestand" übersetzt werden. In einer Laudatio könnten Sie also formulieren: „Er tritt jetzt in das ‚Otium cum dignitate' ein ..."

Homo vita integer
Ein Mensch von unbescholtenem Lebenswandel

Diese Wendung ist nicht sehr gebräuchlich und deshalb auch eindrucksvoll in einer Laudatio.

Macte virtute esto!
Sei gepriesen wegen deiner Tugend!

Ein außergewöhnliches Lob nach *Horatius („Sermones")* für jemanden, der es verdient hat. Als Abschluss für eine Laudatio auf einen „Titanen", wie Thomas Mann die wahrhaft Großen nannte, denkbar geeignet!

Macte animo!
Sei gepriesen für deine Gesinnung!

Diesen Lobpreis von *Statius („Thebais")* können Sie alternativ verwenden.

1.8 Recht und Unrecht

Audiatur etiam altera pars.
Auch die andere Seite soll angehört werden.

Der vielleicht bekannteste römische Rechtsgrundsatz, der die gleiche Stellung zweier Kontrahenten vor Gericht beschreibt und die Möglichkeit des Angeklagten impliziert, sich zu verteidigen.

A iure nemo recedere praesumitur.
Von niemandem wird vermutet, dass er auf sein Recht verzichtet.

Ein großer Teil unserer modernen Rechtsphilosophie, unseres Rechtsempfindens und unseres moralischen Wertegerüsts stammt aus römischer Zeit. So ist die enge Verzahnung von Recht, Gesellschaft, Politik und Wirtschaft ein wichtiges Kennzeichen aller Phasen der römischen Geschichte. Als Beispiel hierfür mag das *„Zwölftafelrecht"* dienen, das 451/50 v. Chr. in Kraft trat und die Grundlage des öffentlichen und privaten Rechtssystems bildete.

Zitieren Sie diese Rechtsregel und Sie sind zum weisen Salomo geworden!

A verbis legis non est recedendum.
Vom Wortlaut des Gesetzes darf man nicht abweichen.

Auch diese Rechtsregel lässt sich trefflich in eine Mitarbeitersprache einbauen.

Contra legem
Gegen das Gesetz

Tipp: „L'état c'est moi", sagte der Sonnenkönig *Ludwig XIV.* – „Der Staat bin ich." Richtig, als Boss sind Sie das „Gesetz". Deshalb sollten Sie Gesetzesverstöße zumindest zitierend ahnden.

Absolutus de certo crimine amplius accusari non potest.
**Wer von einem bestimmten Verbrechen freigesprochen ist,
kann nicht noch einmal angeklagt werden.**

An diese Rechtsregel sollten Sie denken, wenn ein Mitarbeiter für einen
begangenen Fehler wiederholt büßen muss. Ebenso an die folgende:

In dubio pro reo.
Im Zweifel für den Angeklagten.

Römischer Rechtsgrundsatz.

Ex iniuria ius non oritur.
Aus Unrecht entsteht kein Recht.

Ein schönes und wahres Wort.

Favete linguis!
Hütet eure Zungen!

Maßregeln Sie Schwätzer, Intriganten und Gerüchteverbreiter mit
diesem Wort des weisen *Horaz*, …

Ius summum saepe summa est malitia.
Das höchste Recht ist oft die höchste Bosheit.

… der von *Terenz* trefflich konterkariert wird.

Integritati et merito
Für Rechtschaffenheit und Verdienst

Motto des österreichischen Leopold-Ordens.

Ita ius esto.
So soll es rechtens sein.

Mit diesem eleganten „Basta" beschließen Sie zum Beispiel einen
Streitfall zwischen Kollegen.

Iustitia est constans et perpetua voluntas ius suum cuique tribuendi.
Gerechtigkeit ist der beharrliche und dauernde Wille, jedem sein Recht zu gewähren.

Diese Definition stammt von *Ulpianus*.

Pessima tempora plurimae leges.
In schlechtesten Zeiten gibt es die meisten Gesetze.

Dieses Wort eines gewiss äußerst weisen Römers, der uns nicht mehr bekannt ist, bildet einen brillanten Einstieg für einen Vortrag über die Reformpolitik der Bundesregierung.

Integer vitae scelerisque purus
Rein im Leben, frei von Verbrechen

So sollten wir leben – nach *Horaz*.

Si vis pacem, cole iustitiam.
Wenn du Frieden willst, pflege die Gerechtigkeit.

Inschrift über dem Haager Friedenspalast.

Ut sementem feceris, ita metes.
Wie du aussäst, so wirst du ernten.

Diese Weisheit stammt von *Cicero*.

Corpus delicti
Gegenstand des Verfahrens

... oder Gegenstand der Diskussion, Kern des Auftrags, des Projekts.

Ibi fas, ubi proxima merces.
Wo der Gewinn am höchsten, da ist das Recht.

Oh! Ein wunderbares Wort für jeden Manchester-Kapitalisten! Damit lässt sich alles rechtfertigen: der Hinauswurf der halben Belegschaft, damit der Ertrag wieder stimmt, Kinderarbeit in Dritte-Welt-Staaten sowie Waffenhandel und andere halb-kriminelle Aktivitäten.

Aurea prima sata est aetas, quae vindice nullo
sponte sua, sine lege fidem rectumque colebat.
Poena metusque aberant, nec verba minantia fixo
aere ligabantur, nec supplex turba timebat
iudicis ora sui, sed erant sine vindice tuti.
Das erste Zeitalter war das goldene, das ohne Vollstrecker
aus eigenem Antrieb, ohne Gesetz Treue und Recht pflegte.
Es gab weder Strafe noch Furcht, noch waren drohende
Worte in Erz festgehalten, noch fürchtete die Menge kniefäl-
lig den Mund des Richters, sondern man war auch ohne
Beistand sicher.

Ovidius (,,Metamorphosen") schildert hier den paradiesischen Zustand einer Gesellschaft, die keine Gesetzbücher, keine Richter, Staatsanwälte und Advokaten benötigt. Eine kindlich-naive Vorstellung, die an die Konzeptionen anarchischer Gesellschaftsmodelle erinnert – und bedauerlicherweise niemals funktioniert hat.

Ius civile
Bürgerliches Recht

Ius canonicum
Kirchenrecht

Ius gentium
Völkerrecht

Ius publicum
Öffentliches Recht

Lex dubia non obligat.
Ein zweifelhaftes Gesetz bindet nicht.

Wahrheit und Klarheit bei allen Anordnungen!

Fiat lux!
Es werde Licht!

Der Schöpfungsspruch Gottes in der Genesis kann hier umgewandelt werden zu folgendem Satz:

Fiat justitia!
Es werde Gerechtigkeit!

In dubio melior est conditio possidentis.
Im Zweifel verdient der Besitzer Vorzug.

Ein gesunder Grundsatz bei Rechtsstreitigkeiten.

Lege et fide
Durch Gesetz und Treue

Gemeint ist hier die Kenntnis des Gesetzes und „Das-sich-daran-halten", die Treue zum Gesetz also.

Lege vindice
Unter dem Schutz des Gesetzes

Legibus solutus
Von den Gesetzen entbunden

Nemo iudex in causa sua.
Keiner kann Richter in eigener Sache sein.

Modus procedendi
Prozessordnung

Dieser Begriff ist beileibe nicht nur auf das Recht anwendbar. Vom „*Modus procedendi*" können Sie beispielsweise auch bei der Diskussion eines Projektplans oder einer Arbeitsanweisung sprechen.

Nulla poena sine lege.
Keine Bestrafung ohne Gesetz.

Römischer Rechtsgrundsatz.

Facta loquuntur.
Die Fakten sprechen für sich.

Aus Indizien werden Fakten, aus Fakten Beweise, aus Beweisen eine Anklage.

Iniuriarum obliviscendum est.
Ungerechtigkeiten muss man auch wieder vergessen.

Accusare nemo se debet nisi coram Deo.
Niemand muss sich selbst bezichtigen, es sei denn vor Gott.

Römische Rechtsregel, die zu einem der bedeutendsten Prinzipien der modernen Rechtsauffassung wurde.

Legibus servimus, ut liberi esse possimus.
Wir unterwerfen uns den Gesetzen, um frei sein zu können.

Eine Dialektik, die bei näherem Hinsehen sehr sinnvoll erscheint. Freiheit braucht einen „Rahmen".

Cedi ius personale alii non potest.
**Ein persönliches Recht kann nicht auf einen anderen über-
tragen werden.**

Diese Rechtsregel gilt auch heute noch.

Accipere quam facere praestat iniuriam.
Es ist besser, Unrecht zu erleiden als zuzufügen.

Cicero ruft in den *„Tusculanae disputationes"* zu Duldsamkeit und
Leidensfähigkeit auf.

*Acta simulata, velut non ipse, sed eius uxor comparaverit,
veritatis substantiam mutare non possunt; quaestio itaque
facti per praesidem examinabitur provinciae.*
**Schriftstücke, die zum Schein so abgefasst wurden, dass
nicht der Käufer, sondern seine Frau das Geschäft getätigt
hat, können die Wahrheit nicht verändern; vom Richter
oder Statthalter der Provinz wird also ein Tatsachenver-
fahren zu prüfen sein.**

So viel zur Möglichkeit der Überschreibung von Vermögenswerten
auf die Familie *(„Corpus Iuris Civilis").* Wie war das mit Ihrer letzten Steuererklärung?

*Ad ea, quae non habent atrocitatem facinoris vel sceleris,
ignoscitur servis, si vel dominis vel iis, qui vice dominorum
sunt, veluti tutoribus et curatoribus, obtemperaverint.*
**Bei Vergehen (Delikten), die nicht die Abscheulichkeit von
Schandtaten oder Verbrechen aufweisen, verzeiht man den
Sklaven, wenn sie ihren Herrn oder deren Vertretern, zum
Beispiel Vormündern oder Pflegern, gehorcht haben.**

Papst Bonifatius VIII. (1235–1303) beschreibt im *„Liber Sextus
Decretalium, Regulae iuris Caesarei"* das Prinzip der Milde.

Apud me, ut apud bonum iudicem, argumenta plus quam testes valent.

Bei mir gelten, wie bei einem guten Richter, Tatsachen mehr als Zeugen.

Ja, *Cicero („De re publica")* wusste die menschliche Urteilskraft (und das Erinnerungsvermögen) richtig zu beurteilen.

Tipp: Wenn Sie einen Streit unter Kollegen schlichten müssen, zitieren Sie Cicero!

Aliud est male dicere, aliud accusare. Accusatio crimen desiderat, rem ut definiat, hominem notet, argumento probet, teste confirmet. Maledictio autem nihil habet propositi praeter contumeliam.

Verleumden und Anklagen ist nicht dasselbe. Anklage setzt ein Vergehen voraus, das heißt, sie legt die Art des Vergehens fest, kennzeichnet den Täter, bestätigt mit Belegen und Zeugen. Verleumdung hingegen hat nur das Ziel, jemanden in Misskredit zu bringen.

Cicero („Pro Caelio") hat hier den Unterschied zwischen einem rechtlich fundierten Vorwurf und einer Verleumdung herausgearbeitet. Gegen diese oder gegen ein Gerücht kann sich niemand ernstlich wehren; es kommt dem Verleumder nicht darauf an, Recht zu erhalten, sondern jemandem Schaden zuzufügen, ohne dafür belangt werden zu können.

1.9 Dank und Undank

Apud paucos post rem manet gratia.
Bei wenigen bleibt nach Erhalt der Sache Dankbarkeit zurück.

Diese Erfahrung kennen Sie? „Undank ist der Welten Lohn", so könnten wir heute diese Sentenz von *Seneca dem Jüngeren* beschreiben.

Acceptius beneficium reddit celeritas.
Schnell erteilte Wohltat ist noch willkommener.

Die Dankbarkeit ist meist noch größer, wenn ein Wunsch schneller als erwartet erfüllt werden kann. Das wusste *Publilius Syrus („Sententiae")*.

Labitur ex animo benefactum; iniuria durat.
Eine Wohltat schwindet aus dem Gedächtnis, Unrecht bleibt.

Wie sagte einmal ein Vorgesetzter zu seinem „Nachwuchs": „Geben Sie fünf Mal eine Gehaltserhöhung auf die Bitte eines Mitarbeiters hin. Sie werden ein kurzes Dankeschön hören, aber das war's. Verwehren Sie nach diesen fünf Gehaltserhöhungen die sechste – und Sie werden zum ‚schlechtesten' Chef aller Zeiten!"

Dabei ist die Ablehnung eines solchen Wunsches ja alles andere als „Unrecht". Auf mögliche Interpretationen bei Enttäuschten verwies jedoch bereits die *Anthologia Latina.*

Agnosci se amat, qui odit sese ostendere.
Wer es hasst, sich anzubieten, möchte gerne erkannt werden.

Aha! *Publilius Syrus („Sententiae")* verweist auf den psychologischen Zusammenhang zwischen Stolz und Anerkennung.

1.10 Professionelle Rhetorik und lateinische Argumentationslehre

A maiori ad minus
Vom Größeren aufs Kleinere (schließen)

Auch dieses Wort macht in einer Rede großen Eindruck. Stellen Sie sich beispielsweise vor, Sie tragen Ihren Geschäftsbericht bei der Betriebsversammlung vor: „Die Konjunktur in Deutschland lahmt. Das Bruttoinlandsprodukt (BIP) ist im Vorjahresvergleich lediglich um 1,5 Prozent gewachsen. A maiori ad minus – und so schließen wir vom Größeren aufs Kleinere und betrachten das bescheidene Umsatzwachstum unseres Unternehmens ..."

Die Vorlage servierte *Servius* in seinem Vergilkommentar *„Vergilii Aeneidem"* im 5. Jh. n. Chr.

Semantisch nachlegen können Sie übrigens mit der folgenden Steigerung:

A maximis ad minima
Vom Größten zum Kleinsten

Sie können sich aber auch in einer Umkehrung austoben:

A minori ad maius
Vom Kleineren aufs Größere (schließen)

A priori
Vom Früheren her

Dieser Ausdruck zählt zu den lateinischen Zitaten, die häufig verwendet und meist missverstanden werden. Er bedeutet nicht „als Erstes", wie fälschlicherweise interpretiert wird, sondern „von vornherein".

Hypotheses non fingus.
Ich mache keine Hypothesen.

Mit diesem genialen Wort des Physikers *Isaac Newton* (1643–1727) stechen Sie jeden rhetorischen Gegner aus.

Qualis autem homo ipse esset, talem esse eius orationem.
An der Rede erkennt man den Mann.

Etwas frei übersetzt nach dem großen Rhetoriker *Cicero*.

Quod erat demonstrandum (q.e.d.).
Was zu beweisen war.

Dieser Schlusssatz für mathematische Beweise stammt ursprünglich von *Euklid* (ca. 300 v. Chr.) und ist hervorragend dafür geeignet, Ihre Gegner rhetorisch zu verblüffen.

Facetiae omnium sermonum condimenta.
Witzeleien sind die Würze aller Gespräche.

Und genau in diesem Sujet war *Marcus Tullius Cicero ("Laelius de amicitia")* ein großer Meister. Er konnte Gegenspieler und Kritikaster nicht nur mit wahrhaft göttlichem Donner und leidenschaftlichem Zorn überziehen, sondern er wusste auch zu sticheln, zu spötteln und Witze auf Kosten des jeweiligen rhetorischen Gegners zu reißen. Kein Wunder, dass er die „Witzelei" in Ehren hielt – und dass der Beiname seiner Familie auf „cicer" (zu deutsch: Kichererbse) zurückgeführt wird.

Acu rem tetegisti.
Du hast die Sache mit der Nadelspitze berührt.

Im übertragenen Sinne sagt *Plautus („Rudens")*: „Du hast den Nagel auf den Kopf getroffen" – oder: „Das ist des Pudels Kern!"

Difficile est saturam non scribere.
Es ist schwierig, (darüber) keine Satire zu schreiben.

Zugegeben: Eine äußerst infame Art der Gegenrede auf ein (blödsinniges) Argument – aber wirkungsvoll.

Ad absurdum
Etwas als unsinnig nachweisen

Mit dieser Phrase können Sie Ihren rhetorischen Sparringspartner trefflich kontern. Die Formulierung lautet: „Ich führe Ihr Argument ad absurdum.“

Ad oculos demonstrare
Vor Augen führen, beweisen

Ein weiteres rhetorisches Werkzeug, das Eindruck macht. Die Formulierung: „Wir wollen dies ad oculos demonstrieren ...“

De gustibus non est disputandum.
Über Geschmack lässt sich nicht streiten.

Führt Ihr Gesprächspartner ein Argument in die Debatte ein, das Sie partout nicht gelten lassen wollen oder (aus Plausibilitätsgründen) nicht gelten lassen können, ist es nach Art der Scholastiker immer gut, über den „Geschmack“ des Arguments zu streiten.

De audito
Vom Hörensagen

Gut, um den Redefluss des Gesprächspartners zu unterbrechen: „Kennen Sie das nur de audito?“

De facto
Tatsächlich

Phrase.

Ad arbitrium
Nach freiem Ermessen

Cicero bezeichnet damit eine Argumentation als willkürlich.

In extenso
Ausführlich

Erschrecken Sie Ihren Gesprächspartner, wenn Sie ein Kommuni-
kationstalent sind, und kündigen Sie als Widerrede an, dass Sie jetzt
wirklich ausführlich Stellung nehmen müssen.

In genere
Im Allgemeinen

Die Formulierung könnte lauten: „In genere stimme ich Ihnen zu,
hier in diesem Fall jedoch ..."

In abstracto
Ganz allgemein

Sie sagen: „In abstracto meine ich ..."

Id est (i.e.)
Das ist, das heißt

Idem (id.)
Der- oder dasselbe

Vorsicht: nicht aber „dieselbe" – das hieße nämlich „eadem".

In corpore
Insgesamt, zusammen

In facto
Wirklich, tatsächlich

In brevi
In Kürze

Sie sagen: „In brevi fasse ich zusammen ...“

In natura
Wirklich, leibhaftig

In summa
Insgesamt

Ite, missa est.
Geht, die Messe ist zu Ende.

Schönes Schlusswort für eine längere Argumentationskette. Im übertragenen Sinne lässt sich formulieren: „Geht, die Messe ist gelesen!“

Poetis mentiri licet.
Es ist den Dichtern gestattet zu lügen.

Falls Sie bei rhetorischen Ausschweifungen und Übertreibungen in der Hitze des verbalen Gefechts ertappt werden sollten, empfiehlt sich *Plinius*.

Pons asini
Eselsbrücke

Spaßhafte direkte Übertragung aus dem Latein.

Canis a non canendo.
Der Hund (heißt Hund), weil er nicht singt.

Ein schönes Wortspiel eines unbekannten Autors, mit dem man in der rhetorischen Auseinandersetzung verblüffen kann. Beispiel: „Sie behaupten, dass die Bundesregierung gute Arbeit leiste – aber: Canis a non canendo. Der Hund heißt schließlich auch nur deshalb Hund, weil er nicht singt. Ebenso könnten wir auch von der Bundesregierung mit Recht nichts wirklich Artfremdes erwarten, oder?"

Expressis verbis
Mit ausdrücklichen Worten

Tipp zur Argumentation: „Ich habe doch gerade expressis verbis vorgetragen, dass ..."

In omnem eventum
Für alle Fälle

Tipp: „In omnem eventum sage ich Ihnen jetzt nochmals, dass ..."

Conditio sine qua non
Eine Bedingung, ohne die nicht

Im übertragenen Sinne kann man die Phrase als „unerlässliche Voraussetzung" ins Deutsche übertragen. Tipp: „Es ist nachgerade eine *conditio sine qua non* für den Erfolg des Projekts, dass Sie zunächst an die Marketingaufgaben herangehen ..."

Referat
Er soll berichten

Relata refero
Ich berichte

Exempli gratia
Beispielsweise, beispielhalber

Per exemplum (zum Beispiel) kennt jeder, *exempli gratia* („Verdienst des Beispiels") hingegen nicht!

Homerum caecum fuisse constat.
Dass Homer blind gewesen ist, ist bekannt.

Jeder halbwegs Gebildete kannte in Rom den griechischen Autor der Werke „*Ilias*" und „*Odyssee*". Auch seine Lebensumstände waren hinlänglich bekannt. Daher beschreibt die Sentenz eine allgemeingültige und unumstößliche Tatsache und entspricht einer modernen Wendung wie (seit Kopernikus): „Dass sich die Erde um die Sonne dreht und nicht umgekehrt, ist (jedem) bekannt."

Opinio communis
Die allgemeine Meinung

...nichts anderes als unsere (moderne) „öffentliche" Meinung.

Accedo.
Ich stimme zu, ich pflichte bei.

Eine Phrase von *Seneca dem Jüngeren* aus den „*Epistulae morales*", mit der Sie kurz und bündig Zustimmung signalisieren.

Ad extremum
Zuletzt

Damit schließen Sie eine Aufzählung oder Argumentationskette ab. Jetzt folgt das letzte Argument *(Cicero, „Ad Quintum fratrem")*.

Agenda
Was zu tun ist

Dieser bildungssprachliche Terminus ist sehr beliebt und wird zumeist in der Kombination benutzt: „Auf der Agenda haben ...", das heißt auf der Tagesordnung, auf der Merkliste haben, mit anderen Worten: „Was steht an?"

1.11 Philosophisches und Ethisches

Ab esse ad posse valet, a posse ad esse non valet consequentia.
Der Schluss von der Wirklichkeit auf die Möglichkeit ist gültig, aber nicht umgekehrt.

Logisch! Was real, also erfahrbar und bereits geschehen ist, kann auch in Zukunft wieder möglich sein. Was jedoch möglich ist, muss nicht unbedingt Wirklichkeit werden. Beispiel: Ihr ambitionierter Vorstandskollege plant die unfreundliche Übernahme eines konkurrierenden Unternehmens aus Ihrer Branche. Sie beurteilen den Plan als zu riskant. Brillieren Sie als bildungssprachlich geschulter Warner!

Video meliora proboque, deteriora sequor.
Ich sehe das Bessere und lobe es; dem Schlechteren folge ich.

Es ist nicht verwunderlich, dass diese lebensnahe Einsicht von *Ovid* stammt, dem Meister der erotischen Dichtkunst (*„Metamorphosen"*, *7, 20*).

Felix qui potuit rerum cognoscere causas.
Glücklich, wem es gelang, den Grund der Dinge zu erkennen.

Werden Sie zum Philosophen, dann zollt sogar der alte *Vergil* Respekt.

Philosophia non in verbis, sed in rebus est.
Die Philosophie lehrt Tun, nicht Reden.

Seneca der Jüngere

Accepti numquam, cito dati obliviscere.
Vergiss nie, was du empfangen, schnell, was du gegeben hast.

Von *Publius Syrus* aus den *„Sententiae"* für Gutmenschen ...

Fabula docet
Die Fabel lehrt (Die Moral ist ...)

Actio recta non erit, nisi recta fuerit voluntas: ab hac enim est actio. Rursus voluntas non erit recta, nisi habitus animi rectus fuerit: ab hoc enim est voluntas. Habitus porro animi non erit in optimo, nisi totius vitae leges perceperit et quid de quoque iudicandum sit, exegerit, nisi res ad verum redegerit.

Eine Handlung wird nicht richtig sein, wenn der Wille nicht richtig ist: Von ihm rührt nämlich die Handlung her. Umgekehrt wird der Wille nicht richtig sein, wenn die innere Einstellung nicht richtig ist: Von ihr hängt nämlich der Wille ab. Mit der inneren Einstellung ihrerseits wird es nicht zum Besten stehen, wenn sie nicht die Gesetze des ganzen Lebens erfasst und untersucht hat, wie alles zu beurteilen sei, also alles auf seinen wahren Wert bezogen hat.

Puuuh! *Seneca der Jüngere* schreibt uns in seinen *„Epistulae morales"* die philosophische Ganzheitlichkeit ins Stammbuch.

Tipp: Schenken Sie einem intelligenten und Ihnen wichtigen Geschäftsfreund ein Buch über Philosophie und protzen Sie mit einer Widmung.

Medicina soror philosophiae.
Die Heilkunst ist die Schwester der Philosophie.

Tertullian

Militem aut monachum facit desperatio.
Mönch oder Soldat wird man aus Verzweiflung.

... und wir stehen doch mitten im Leben!

Laetus in praesens animus quod ultra est
oderit curare, et amara lento
temperet risu; nihil est ab omni
parte beatum.
Froh über die Gegenwart soll man sich nicht um das Morgen sorgen und Bitteres mit leichtem Lächeln mildern: Nichts ist in jeder Hinsicht vollkommen.

Diese schöne Wendung kann nur aus Lebenserfahrung und froher Gelassenheit geboren werden. *Horatius („Carmina")* wirbt für die Philosophie des „laissez-faire".

Introite, nam et hic dii sunt.
Tretet ein, denn auch hier sind Götter.

Tipp: Diese Sentenz stammt eigentlich von *Heraklit* und damit aus dem Alt-Griechischen. Im übertragenen Sinne wurde sie zur Kernaussage von *Gotthold Ephraim Lessings „Nathan der Weise"*. Das Zitat passt, wenn es zum Beispiel um einen Streit über die „richtige" Lebensanschauung oder um die „richtige" Handlungsweise geht. Die Botschaft in der modernen Übersetzung lautet: Keine Ideologie, bitte!

Honestus animus deorum cultor optimus.
Ein redlicher Sinn ist der beste Verehrer der Götter.

Ja, Integrität führt immer auf den richtigen Weg – *Publilius Syrus („Sententiae").*

Mimus vitae
Das Possenspiel des Lebens

Damit zeigen Sie ungeheure Abgeklärtheit.

Quid sit futurum cras, fuge quaerere.
Was morgen sein wird, frage nicht.

Hier präsentiert *Horaz* die Philosophie des Mezzogiorno.

Quod non in actis, non in mundo.
Was nicht in den Akten steht, ist in der Welt nicht existent.

Nicht der Philosoph, nein, der Beamte wird überleben ...

Sic transit gloria mundi.
So vergeht der Ruhm der Welt.

Anruf an einen neu gewählten Papst vor der Weihe.

Theatrum mundi
Das (große) Welttheater

Auch damit können Sie abgeklärte Distanz zur Trivialität des Lebens demonstrieren.

Actibus aut verbis noli tu adsuescere pravis.
Gewöhne dich nicht an schlechte Taten oder Worte.

Die Gewöhnung führt zur Verwässerung der Normen und moralischen Kategorien. Deshalb soll man es, laut *„Monosticha Catonis"*, erst gar nicht so weit kommen lassen.

Sol efficit, ut omnia floreant.
Die Sonne bewirkt, dass alles blüht.

Der feste Glauben an die ewigen Kräfte der Natur ist die weiseste aller Philosophien.

Aberratio ictus.
Jemand trifft nicht den, den er gemeint hat, sondern einen anderen.

Übertragen: Unverhofft kommt oft.

Alter alterius auxilio eget.
Jeder bedarf der Hilfe des anderen.

Sallustius („De coniuratione Catilinae") beschreibt das Grundprinzip sozialen Verhaltens. Der Mensch kann nicht für sich alleine leben, Egoismus macht einsam ...

Alteri vivas oportet, si vis tibi vivere.
Man muss für andere leben, wenn man für sich selbst leben will.

Gemeinschaftssinn und Nächstenliebe machen das eigene Leben reich, argumentiert *Seneca der Jüngere („Epistulae morales").*

Non curatur, qui curat.
Wer Sorgen hat, wird nicht geheilt.

Der Einfluss der Psyche auf die Physis war schon den Römern bekannt.

Animus aequus optimum est aerumnae condimentum.
Gelassenheit ist die beste Würze im Leid.

Plautus („Rudens")

1.12 Zeit und Zeitläufte

Ab illo tempore
Seit jener Zeit, von dieser Zeit an

... macht sich gut für den Anfang einer Aufzählung in einer Rede.

Tempus edax rerum.
Die Zeit nagt an den Dingen.

Ovid würde heute vom Zahn der Zeit sprechen.

In memoriam perpetuam
Zur ewigen Erinnerung

Sine tempore (s. t.)
Ohne Zeit

Gemeint ist hier, dass die akademische Viertelstunde nicht gilt, also dass man rechtzeitig kommen soll. Das Gegenstück ist:

Cum tempore (c. t.)
Mit Zeit

Man darf eine Viertelstunde zu spät kommen.

Ad dies vitae
Auf Lebenszeit

„Für (alle) Tage des Lebens": Mit diesem bildungssprachlichen Ausdruck ist die gesamte Lebensspanne eines Menschen gemeint.

Aetatis cuiusque notandi sunt tibi mores.
In jedem Alter muss man auf seine Gewohnheiten achten.

Horatius, „De arte poetica"

Aetate prudentiores reddimur.
Mit zunehmendem Alter werden wir gescheiter.

Aus dem Mittelalter.

Aetate fruere! Mobili cursu fugit.
Genieße dein Leben! In schnellem Lauf flieht es dahin.

Seneca der Jüngere („Phaedra") formuliert hier das antike „Sorge dich nicht – lebe!"

Aetas volat.
Die Zeit fliegt schnell dahin.

Cicero mag dies in seinem erfüllten Leben als Politiker, Redner, Historiker, Dichter und Denker noch sehr viel intensiver empfunden haben als andere.

Labitur occulte fallitque volatilis aetas,
et celer admissis labitur annus equis.
Heimlich und unbemerkt entschwindet die geflügelte Jugend,
und das Jahr jagt schnell dahin mit galoppierenden Pferden.

Was will uns *Ovid („Amores")* damit sagen? Klar, die leichte und unbeschwerte Jugend mit wenigen Aufgaben und geringer Verantwortung lässt diese Lebensspanne nicht als schwer erscheinen. Die Jugend ist „geflügelt" – leichtlebig und schnell. Sie vergeht dementsprechend auch schneller, als wir in jenem Alter denken.

Ars longa, vita brevis.
Die Kunst ist lang, das Leben kurz.

Hier geht es um Beständigkeit und Vergänglichkeit. Während das menschliche Leben nur eine gewisse Zeitspanne währt, bleiben die Werke des Menschen sehr viel länger erhalten.

Tipp: Diese Sentenz des *Hippokrates* hat *Seneca der Jüngere* überliefert *(„De brevitate vitae")*.

1.13 Reden für Tote in der „toten Sprache"

Abiit, non obiit.
Er ist fortgegangen, nicht untergegangen.

Zu Ihren unangenehmeren Aufgaben als Führungskraft kann gehören, dass Sie die Grabrede für einen Kollegen halten müssen. Und schon die Römer dachten über den Tod hinaus ...

Absint inani funere neniae
luctusque turpes et querimoniae
compesque clamorem ac sepulcri
mitte supervacuos honores.
Am leeren Grab soll es keine Klagelieder geben,
kein hässliches Trauern und Jammern;
unterdrücke den Klageruf und
lass am Grab überflüssige Ehrung.

Dieses *Horaz*-Zitat aus „*Carmina*" gestaltet eine der schwersten Pflichten für Führungspersonal leichter. Lassen Sie das Heucheln am offenen Grab – und seien Sie ehrlich.

Beatae memoriae
Seligen Andenkens (von Verstorbenen)
...lässt sich gut in eine Grabrede einbauen.

Contra vim mortis non est medicamen in hortis.
Gegen den Tod ist kein Kraut gewachsen.

Acerba semper et immatura mors eorum, qui immortale
aliquid parant.
Bitter und verfrüht ist immer der Tod derer, die etwas Unsterbliches schaffen

Tipp: *Plinius der Jüngere* liefert in den „*Epistulae*" die passende Vorlage für die Totenrede auf eine große Persönlichkeit.

Memento mori.
Denke daran, dass du sterben musst.

Sprichwort aus der Barockzeit.

Mors certa, hora incerta.
Der Tod ist gewiss, ungewiss (ist) seine Stunde.

Auch eine wahre Erkenntnis zum Trost der Hinterbliebenen.

Nemo ante mortem beatus.
Niemand ist vor seinem Tode glücklich.

Der griechische Aristokrat und Dichter *Solon* (geb. ca. 640 v. Chr.) treibt die Trostworte auf die Spitze – und damit ins Gegenteil. Solon wurde bei den Römern gern gelesen, in lateinischer Übersetzung natürlich.

Non mortem timemus, sed cogitationem mortis.
Nicht den Tod fürchten wir, sondern die Vorstellung des Todes.

Seneca der Jüngere sieht es philosophisch.

Post nubila phoebus.
Nach Wolken kommt die Sonne.

De mortuis nil nisi bene.
Über die Toten sollst du nur wohlwollend reden.

Und war Ihr Kollege auch noch so ein Schuft – der Tod verpflichtet uns nach dem Vers eines unbekannten lateinischen Autors zum Schweigen.

In memoriam
Zur Erinnerung

Media in vita in morte sumus.
Mitten im Leben sind wir vom Tod umfangen.

Die Einsicht des unbekannten Lateiners ist richtig: Es kann uns jederzeit erwischen.

Dei gratia
Von Gottes Gnaden

Diese Wendung können Sie wie folgt einbauen: „Dei gratia lebte er 75 Jahre ..."

Mors ultima linea rerum est.
Der Tod steht am Ende aller Dinge.

Und das folgende Zitat führt zu derselben Einsicht:

Qui doluit, meminit.
Wer Schmerz erlitt, denkt daran.

Sie beweisen Einfühlungsvermögen in den Schmerz der Angehörigen, wenn Sie an einer Stelle *Cicero* zitieren.

Requiescat in pace.
Er/sie ruhe in Frieden.

Aequat omnes cinis. Impares nascimur, pares morimur.
Die Asche macht alle gleich. Ungleich werden wir geboren, im Tod sind wir alle gleich.

Seneca der Jüngere

Ante diem mortis nullus laudabilis exstat.
Vor seinem Todestag ist niemand rühmenswert.

Ja, bedauerlicherweise erfahren nur wenige Menschen, die es verdienen würden, bereits zu ihren Lebzeiten, was andere an ihnen rühmen und hervorheben – *„ Monosticha Catonis ".*

Ante mortem ne laudes hominem quemquam.
Rühme niemanden vor seinem Ende.

Derselbe Zusammenhang wird in der *„Vulgata", Liber Ecclesiasticus (Prediger Salomo),* beschrieben.

1.14 Geld stinkt (fast) nicht

Auri sacra fames
Verfluchter Hunger nach Gold

Auch wenn wir oft die Rolle des Goldes in der Menschheitsgeschichte verfluchen: Geld regiert die Welt.

Das wusste schon der römische Dichter *Publius Vergilius Maro* in der Dichtung *„Aeneis"*.

O cives, cives, quaerenda pecunia primum est – virtus post nummos!
Oh Bürger, Bürger, das Geld ist [für euch] das Wichtigste – erst kommt das Geld, dann die Tugend!

Auch dieses Zitat des *Horatius* sollten Sie bei Gehaltsverhandlungen parat haben. „Herr Müller, denken Sie doch nicht immer nur an das schnöde Geld ... Eine gute Leistung vollbracht zu haben, ist doch auch befriedigend."

Actum est de rebus humanis, si sola servatur utilitatum fides.
Es ist um die Menschheit geschehen, wenn nur noch dem Nutzen die Treue bewahrt wird.

Hier beschreibt der Lateiner das Prinzip der Marktwirtschaft mit sozialer Bindung.

Magnum vectigal est parsimonia.
Sparen ist eine gute Einnahme.

Cicero konnte wohl nicht nur mit Worten, sondern auch mit Geld umgehen.

Carum est, quod rarum est.
Teuer ist, was selten ist.

Auch den „alten" Römern waren die Gesetze von Angebot und Nachfrage bekannt.

Dat census honores.
Reichtum bringt Ansehen.

Das bekannte *Ovid* im übertragenen Sinne.

Accipe quam primum: brevis est occasio lucri.
Greife so schnell wie möglich zu, denn nur kurz bietet sich die Gelegenheit, Profit zu machen.

Martialis („Epigrammata") – der erste Broker?

Bis dat, qui cito dat.
Doppelt gibt, wer schnell gibt.

Publilius Syrus formuliert diese Lebensweisheit. Sie besagt, dass rasche Hilfe, Hilfe, die sofort erfolgt, doppelt wirksam und doppelt willkommen ist.

Pecunia nervus rerum.
Die Hauptsache – das Geld.

Wörtlich: Geld ist der Nerv, also der Kern der Dinge.

Vanitas vanitatum et omnia vanitas.
Eitelkeit der Eitelkeiten und alles ist eitel; bloßer Schein.

„Mehr Sein als Schein" – so könnte man das stetig wiederkehrende Motto des *Predigers Salomo* aus der *„Vulgata"* modern und frei übersetzen. Geld ersetzt eben keine inneren Werte.

Pecunia non olet.
Geld stinkt nicht.

Auch wenn das nicht stimmt – dieses Zitat darf hier nicht fehlen! Haben Sie schon einmal ein Geldbündel durchgezählt oder eine große Anzahl von Münzen geordnet?

Parcere pecuniae
Am Geld sparen

Tipp für die Ablehnung einer Etaterhöhung: „Nein, ich sage: *Parcere pecuniae!*"

Multa petentibus multa desunt.
Denen, die viel begehren, fehlt viel.

Geld ist nicht alles!

Ad lucrum plures multo sunt quam ad honores.
Auf Profit sind viele weit mehr aus als auf Ehren.

Terenz ging mit der Profitgier seiner Zeitgenossen hart ins Gericht.

Aedificia et lites faciunt pauperes.
Bauen und Prozessieren bringen alle an den Bettelstab.

Eine wahre Einsicht aus dem Mittelalter.

Anulis nostris plus quam animis creditur.
Unseren Ringen glaubt man mehr als unserem Charakter.

Wie heißt es in unseren „modernen" Zeiten? „Geld verdirbt den Charakter" oder besser: „Wer Geld hat, braucht keinen Charakter"? Zum Zusammenhang zwischen Sein und Schein hat sich lange vor Gerhard Fromm schon *Seneca d. J. („De beneficiis")* geäußert.

Ad omnia alia aetate sapimus rectius
solum unum hoc vitium affert senectus hominibus
attentiores sumus ad rem omnes quam sat est.
In allen anderen Dingen werden wir mit dem Alter weiser,
lediglich dieses Laster bringt den Menschen das Alter:
Wir achten genauer auf das Geld, als es recht ist.

In der Jugend geben wir leichtsinnig mehr Geld aus, als wir haben, im Alter hingegen halten wir es (wahrscheinlich aus Sicherheitsgründen) zusammen – dabei „hat das letzte Hemd keine Taschen", wie es so treffend heißt – *Terentius („Adelphoe")*.

Ad postremum divitiae meae sunt: tu divitiarum es.
Mir steht der Reichtum schließlich zu Diensten, du bist nur
Diener des Reichtums.

Bereits *Seneca der Jüngere („De vita beata")* erkannte, dass „Geld allein nicht glücklich macht", sondern nur die richtige Einstellung zum Geld die nötige Unabhängigkeit vom schnöden Mammon bedeutet und wahres Glück mit sich bringt.

Ad veras potius te converte divitias; disce parvo esse contentus.
Wende dich lieber wahrem Reichtum zu; lerne es, mit Weni
gem zufrieden zu sein.

Auch hier geht es um die Unabhängigkeit vom Materiellen. *Seneca der Jüngere („Epistulae morales")* beschreibt den wahren Reichtum, der sich nicht um die Sicherung und die Vermehrung weltlicher Güter sorgen muss.

1.15 Ausgleichssport

Mens sana in corpore sano
Ein gesunder Geist in einem gesunden Körper

Dieser Satz hat Legionen von Olympioniken Kraft und Motivation verliehen. Auf dass der Nachwuchs im Berufsleben nicht verweichliche, sollte er auch heute noch Geltung haben. Das Originalzitat „Orandum est ut sit mens sana in corpore sano" – „Es wäre zu wünschen, dass in einem gesunden Körper auch ein gesunder Geist stecken möge" stammt aus dem Griffel des römischen Dichters *Juvenal*, der etwa zwischen 60 und 140 n. Chr. lebte.

Post cenam stabis aut passus mille meabis.
Nach dem Essen sollst du ruh'n oder tausend Schritte tun

Nicht nur von Athen nach Olympia wurde Marathon gelaufen.

Discum audire quam philosophum malunt.
Man hört lieber den Diskus als den Philosophen.

Ja, ja: die liebe Ablenkung von der Arbeit und von den wirklich entscheidenden Dingen des Lebens! Aber Sport ist doch auch wichtig, wenngleich der workaholic *Cicero („De oratore")* das nicht einzusehen vermochte.

Stulta est occupatio dilatandi cervicem ac latera firmandi: cum tibi feliciter sagina cesserit et tori creverint, nec vires umquam opimi bovis nec pondus aequabis. Adice nunc, quod maiore corporis sarcina animus eliditur et minus agilis est.
Seinen Nacken zu dehnen und den Oberkörper zu kräftigen ist eine törichte Beschäftigung: Selbst wenn deine Mastkur erfolgreich ist und deine Muskeln sich dehnen, wirst du nie Kraft und Gewicht eines fetten Stiers erlangen. Dazu kommt, dass der Geist durch die zunehmende Körpermasse erdrückt wird und an Beweglichkeit verliert.

Also, wir möchten Sie ja nicht entmutigen. Sie haben schon Recht –
Ausgleichssport zur vielen Arbeit muss sein und gerade als Manager sollten Sie einem frühen Herzinfarkt vorbeugen. Ob aber das
Abo im Fitnessclub wirklich sein muss? Lesen Sie doch noch einmal bei *Seneca dem Jüngeren („Epistulae morales")* nach!

Vita humana prope uti ferrum est: si exerceas, conteritur; si
non exerceas, tamen robigo interficit. Item homines exercendo
videmus conteri; si nihil exerceas, inertia atque torpedo plus
detrimenti facit quam exercitio.
Das Leben des Menschen ist wie das Eisen; benutzt man es,
nutzt es sich ab, benutzt man es nicht, verzehrt es der Rost.
Ebenso sehen wir, dass die Menschen sich durch körperliche
Betätigung abnutzen; wenn du dich aber nicht körperlich
betätigst, richten Nichtstun und Trägheit mehr Schaden an
als Anstrengung.

Genau! Nichtstun schadet mehr als einen gesunden Sport auszuüben.
Da hat *Cato,* so wie er bei *Gellius („Noctes Atticae")* zitiert wird,
wohl Recht!

1.16 Für Entscheidungsschwache

Alea iacta est.
Der Würfel ist gefallen.

Natürlich: Als erprobter Asterix-Leser wissen Sie, dass es sich um den wohl bekanntesten Ausspruch des großen *Gaius Iulius Cäsar* handelt. Der Überlieferung zufolge soll der Feldherr und Staatsmann das Wort vor der Überquerung des Flusses Rubicon geprägt haben. Darauf folgte der Bürgerkrieg mit *Pompeius*. „Alea" übrigens nannten die Römer nicht nur den Würfel, sondern auch das Würfelspiel.

Diem perdidi.
Ich habe den Tag verloren.

Angeblicher Ausspruch des römischen Kaisers *Flavius Titus* (39–81 n. Chr.), als er einmal an einem Tag nichts Gutes getan hatte. Daraus folgt für Führungskräfte: Kein Tag ohne eine Entscheidung!

Interim fiet aliquid.
Unterdessen wird sich etwas ereignen.

So kündigen Sie, frei nach *Terenz*, wichtige Entscheidungen an!

Epistula non erubescit.
Der Brief errötet nicht.

Damit meint *Cicero*, dass Papier geduldig ist. Entscheidungen sollten also auch wirklich ausgeführt und nicht nur schriftlich angekündigt werden.

Dies diem docet.
Ein Tag lehrt den anderen.

Im übertragenen Sinne: Aus Erfahrung wird man klug.

1.17 Evidenz und Einsicht

Apparet id quidem etiam caeco.
Das leuchtet selbst einem Blinden ein.

Ein kräftiges Zitat von *Livius („Ab urbe condita")* für schwere Fälle von Begriffsstutzigkeit.

Pacis est comes otiique socia et iam bene constitutae civitatis quasi alumna quaedam eloquentia.
Die Beredsamkeit ist die Gefährtin des Friedens, die Vertraute der Muße und gewissermaßen das Pflegekind eines wohl geordneten Staates.

Eine philosophische Betrachtung von *Cicero („Brutus")*: Wessen Werkzeuge die Worte sind, der lässt nicht die Waffen sprechen, so argumentiert der Staatsmann und Rhetoriker Cicero. Darüber hinaus verschafft die Beredsamkeit ihm durch die Diskussion mit anderen Menschen Einsicht in die Zusammenhänge und strukturiert die Sicht der Welt.

Pacis artes atque belli scire oportet principem.
Die Künste des Friedens und des Krieges muss ein Fürst kennen.

Aus dem Mittelalter.

Affectus cito cadit, aequalis est ratio.
Die Leidenschaft lässt schnell nach, die Vernunft bleibt sich gleich.

Wer verantwortlich handelt – in allen Lebenslagen –, weiß, dass die Vernunft der einzige Ratgeber ist, an dem sich der Mensch langfristig und vorausschauend orientieren sollte. Dies beschreibt *Seneca der Jüngere („De ira")*.

Intelligentiae iustitia coniuncta, quantum volet, habebit ad faciendam fidem virium, iustitia sine prudentia multum proderit, sine iustitia nihil valebit prudentia.
Mit Einsicht verbunden wird Gerechtigkeit beliebig viel Kraft haben, um Vertrauen zu gewinnen; Gerechtigkeit ohne Klugheit wird viel vermögen, ohne Gerechtigkeit wird Klugheit keine Macht erlangen.

Klugheit und Gerechtigkeit bedürfen einander, damit wirklich etwas Gutes geschieht. Das sagt *Cicero (,,De officiis ")*.

1.18 Von der Zukunft und der Vorsorge

Alii sementem faciunt, alii metent.
Die einen säen, die anderen werden ernten.

Nicht immer sind wir es selbst, die die Früchte unserer Arbeit genießen können. Manchmal schmücken andere sich mit ihnen wie mit fremden Federn. Das mittelalterliche Zitat kann jedoch auch eine positive Bedeutung haben: Wir säen für die Nachkommen, wir treffen Vorsorge.

Aestas non semper durabit: condite nidos!
Der Sommer wird nicht ewig währen: Baut Nester!

Ein wunderschönes Zitat aus dem Mittelalter für den „Patron" des Unternehmens. Vorsorge kann in vielerlei Hinsicht getroffen werden: durch die kluge Regelung der Nachfolge, durch materielle Umsicht, durch die Verteilung der Aufgaben.

Fac bene, dum vivis, post mortem vivere si vis.
Benimm dich gut, solange du lebst, wenn du nach dem Tod weiterleben willst.

Auch dieses Zitat stammt von einem unbekannten Autor aus dem Mittelalter.

Pacis tempore cogitandum de bello.
In Friedenszeiten muss man an den Krieg denken.

Dieses Wort hat bereits einige Berühmtheit in Deutschland erlangt. Der Urheber der Popularität war der einstige CSU-Chef Franz Josef Strauß, der während der heftig geführten Debatte um die so genannte „Nachrüstung" der NATO-Staaten gegenüber dem damaligen sowjetisch geführten Verteidigungsbündnis Warschauer Pakt wieder einmal als Latein-Rezitator im Deutschen Bundestag brillierte. Im Zuge der

Nachrüstung sollten zum Beginn der 80er Jahre einige hundert „Pershing 2"-Raketen und „Cruise Missiles" auf deutschem Boden stationiert werden. Diese Flugkörper waren mit Atomsprengköpfen bestückt und sollten „die Sowjets" vor einem Angriff auf NATO-Gebiet abschrecken. Strauß hatte das mittelalterliche Zitat im rhetorischen Nahkampf mit dem bald darauf durch ein konstruktives Misstrauensvotum des Amtes enthobenen Bundeskanzler Helmut Schmidt in der „Nachrüstungs"-Debatte im Januar 1982 zitiert. Schmidt, durchaus ein Befürworter der „Nachrüstung" und deshalb im Streit mit der eigenen Partei, konnte Strauß nichts entgegenhalten – zumal er kein „Lateiner" ist.

Ardua molimur, sed nulla, nisi ardua, virtus.
Anstrengendes nehmen wir uns vor, doch ohne Anstrengung gibt es keinen Erfolg.

Zu einer guten Vorsorge im Sinne einer erfolgreichen Zukunft gehört die Anstrengung unverzichtbar hinzu. Dies meinte *Ovid („Ars amatoria")*.

Abundans cautela non nocet.
Übertriebene Vorsicht ist nicht nachteilig.

Eine Rechtsregel, die sich manche zur Lebensmaxime gemacht haben.

1.19 Von den Wechselfällen der Liebe

Dominum generosa recusat.
Die Stolze will keinen Herrn.

Auch Führungskräfte haben ein Herz – oder sollten zumindest eines haben. Hierzu folgen einige Hilfestellungen und Erklärungsversuche – beispielsweise oben der *Wappenspruch der Stadt Pisa.*

Omnia vincit amor.
Alles bezwingt die Liebe.

No comment! (*Vergil*)

Adora quod incendisti, incende quod adorasti.
Bete an, was du verbrannt hast; verbrenne, was du angebetet hast.

Ein Zitat von *Remigius* für komplizierte Fälle ...

Ama et fac quod vis!
Liebe und tu, was du willst!

Das empfahl der Kirchenvater *Augustinus* (und meinte damit natürlich nicht die erotische Liebe).

In floribus
In der Blüte, im Wohlstand

„Er (sie) ist in floribus seiner (ihrer) Jahre." Ein schönes Kompliment ...

Acrius invitos multoque ferocius urget,
quam qui servitum ferre fatentur, Amor.
Härter und sehr viel ungestümer bedrängt Amor die Wider-
strebenden / als die, die sich in seinen Dienst fügen wollen.

Natürlich weiß dies der liebeskundige *Ovid („Amores")*.

Mel et fel
Honig und Galle

Dieses römische Sprichwort bezieht sich auf die Frauen, deren
„doppelte Natur" zum einen Lust, zum anderen Bitterkeit bescheren
kann.

Nec fidum femina nomen.
Falschheit, dein Name ist Weib.

Hier muss jemand enttäuscht worden sein ...

Amor timere neminem verus potest.
Wahre Liebe zeigt keine Furcht.

Aufrichtige Liebe bedeutet Treue und Vertrauen, wie *Seneca d. J.*
(„Medea") erkannte.

Amor misceri cum timore non potest.
Liebe lässt sich nicht mit Furcht paaren.

Das wusste man bereits im Mittelalter.

Amor otiosae causa est sollicitudinis.
Die Liebe ist Ursache zu untätiger Unruhe.

Publilius Syrus („Sententiae") wusste offenbar, dass Verliebte nur
schlecht arbeiten können, da sie sich auf anderes konzentrieren und
von ständiger Unrast erfasst sind.

Amatores amant flores.
Verliebte lieben Blumen.

Volkstümlich. Nicht umsonst sprechen wir von der „blühenden" Liebe – die Assoziation ist offensichtlich.

Aliudque cupido, mens aliud suadet.
Die Begierde rät etwas anderes als die Vernunft.

Ovid („Metamorphoses") rät zur Selbstbeherrschung und Kontrolle der Triebe, da ansonsten oft nur Unvernünftiges herauskomme.

Animo virum pudicae, non oculo eligunt.
Sittsame Frauen suchen sich ihren Gatten mit dem Herzen (und) nicht mit dem Auge.

Ja, „Schönheit vergeht, Freundschaft besteht", sagt der Volksmund. Dies wusste bereits *Publilius Syrus (Sententiae).*

Facile intelligo non modo reticere homines parentum iniurias, sed etiam animo aequo ferre oportere.
Ich sehe ohne weiteres ein, dass man harte Worte der Eltern nicht nur schweigend, sondern auch gelassen ertragen muss.

Die Eltern haben eine größere Lebenserfahrung als die Kinder und der Respekt der Jugend gegenüber dem Alter gebietet, dass Kritik am Fehlverhalten der Jüngeren auch angenommen werden muss. So argumentiert *Cicero („Pro Cluentio").*

Amantes amentes.
Wer liebt, ist verrückt.

Schönes Wortspiel: Ob es richtig ist, bleibt dahingestellt. Wer liebt, ist jedenfalls in einem Ausnahmezustand, meint *Plautus („Mercator").*

Amans sicut fax agitando ardescit magis.
Ein Liebhaber lodert noch heller auf, wenn er wie eine Fackel in Bewegung gehalten wird.

Die Liebe ist eine Flamme: Sie braucht Nahrung, sonst verzehrt sie sich – *Publilius Syrus („Sententiae")*.

1.20 Freundschaft

Idem velle atque idem nolle, ea demum firma amicitia est.
Dasselbe wollen und dasselbe nicht wollen, das erst ist wahre (enge, feste) Freundschaft.

Wie Recht *Sallust* doch hatte.

Facile ex amico inimicum facies, cui promissa non reddas.
Aus einem Freund, dem man sein Versprechen nicht hält, macht man leicht einen Feind.

Freundschaft heißt auch, sich aufeinander verlassen zu können. Dazu gehört das Halten und Einlösen von Versprechen, die gegeben wurden. So mahnt *Hieronymus („Epistulae")*.

Obsequium amicus, veritas odium parit.
Willfährigkeit macht Freunde, Wahrheit schafft Hass.

Terenz meint wohl nicht die „wahren" Freunde.

Viribus unitis
Mit vereinten Kräften

Aliquo amico uti
Jemanden zum Freund haben

Adulatio quam similis est amicitiae! Non imitatur tantum illam, sed vincit et praeterit; apertis ac propitiis auribus recipitur et in praecordia ima descendit, eo ipso gratiosa, quo laedit.
Wie ähnelt doch Schmeichelei der Freundschaft! Sie ahmt sie nicht nur nach, sondern schlägt und übertrifft sie noch; sie findet offene und geneigte Ohren und gräbt sich tief ein in die Herzen, gerade durch das besonders beliebt, wodurch sie verletzt.

Seneca der Jüngere analysiert hier falsche Freundschaft.

Amicus certus in re incerta cernitur.
Den wahren Freund erkennt man in einer kritischen Situation.

Cicero formuliert hier eine klassische Lebensweisheit. Übertragen: „Das Glück hat viele Freunde, die Not kennt keine."

Amicum an nomen habeas, aperit calamitas.
Ob du wirklich einen Freund hast oder nur dem Namen nach, zeigt das Unglück.

Publilius Syrus („Sententiae") formuliert hier dieselbe Erkenntnis noch einmal mit anderen Worten: Erst in einer schwierigen Situation zeigt sich, ob einer, der sich mein Freund nennt, auch an meiner Seite ist und zu mir hält.

Amicus diu quaeritur, vix invenitur, difficile servatur.
Freundschaft sucht man lange, findet man nur mit Mühe, bewahrt man schwer.

Ja, Freundschaften muss man pflegen.

Amicitiae sanctum ac venerabile nomen.
Freundschaft ist etwas Heiliges und Verehrungswürdiges.

Eine sehr richtige Sentenz von *Ovid („Tristia")*. Der Mensch darf nicht allein im Leben stehen, Freundschaft bedeutet Nähe, Kontakt und Kommunikation. Deshalb darf man nicht mit Freundschaften spielen.

Amicitiae unica est fides coagulum.
Der einzige Beweis von Freundschaft ist, dass sie unauflösbar wird.

Dies hat jeder von uns schon einmal beobachtet: Selbst nach Jahren der Trennung verstehen sich wirklich gute Freunde auf Anhieb wieder so, als wenn es niemals räumliche und zeitliche Distanz zwischen ihnen gegeben hätte – *Publilius Syrus, „Sententiae".*

Amicitiam trahit amor.
Liebe zieht Freundschaft nach sich.

Wir sprechen vom „besten" Freund, von der „besten" Freundin –
heute wie schon einst im Mittelalter.

Amicitias et tibi iunge pares.
Suche dir passende Freundschaften.

Hier spricht *Ovid* in „*Tristia*" davon, dass sich „gleich und gleich"
gerne gesellt, also dass man Freundschaften unter „seinesgleichen"
knüpfen sollte.

Amicitias immortales esse oportet.
Freundschaften müssen unvergänglich sein.

Ein hehrer Anspruch, den *Livius (" Ab urbe condita")* formuliert hat.

Amicorum sunt communia omnia.
Freunden ist alles gemeinsam.

Cicero („De officiis") spricht hier vom Gleichklang der Anschauungen
und Gefühle, die es nur bei Liebespaaren und echten Freunden gibt.

Amicos vincere inhonesta est victoria.
Freunde zu besiegen ist kein ehrenhafter Sieg.

Richtig! Spiel, Sport und Wettbewerb machen Spaß, Freunde aber
zu „schlagen" verschafft selten so viel Befriedigung wie über un-
liebsame Mitmenschen zu obsiegen – *Publilius Syrus, „Sententiae".*

Amicum cum vides, obliscere miserias.
Siehst du einen Freund, vergiss deine Nöte.

Im Amerikanischen würde man dies „fellowship" nennen, was *Appius
Claudius* bei *Priscianus („Institutiones grammaticae")* hier formuliert
hat: die unbedingte Kameradschaft, die ein wahrer Freund bedeutet.

Amicum laedere ne ioco quidem licet.
Nicht einmal zum Spaß darf man einen Freund verletzen.

Stimmt! Freundschaften sollen immer in Ehren gehalten werden –
Publilius Syrus, „Sententiae".

Amicum perdere est damnorum maximum.
Einen Freund zu verlieren ist der größte aller Verluste.

Schon im Mittelalter wurde die Freundschaft hoch geschätzt.

Amicum tarde acquirimus, cito perdimus.
**Einen Freund gewinnt man langsam, verliert man (aber)
schnell.**

Richtige Freundschaft braucht Zeit und muss wachsen. „Schnelle"
Freunde (Sie kennen die Zeitgenossen, die Sie gerade erst kennen
gelernt haben und die sich schon als Ihren „Freund" bezeichnen)
zählen nicht viel. Dies wusste *Publilius Syrus („Sententiae").*

Amicum secreto admone, palam lauda.
**Ermahne den Freund unter vier Augen (im Geheimen), aber
lobe ihn in der Öffentlichkeit.**

Publilius Syrus („Sententiae") beschreibt hier ein Verhalten, das
auch in der Erziehung gelten sollte: Die eigenen Kinder dürfen vor
anderen nicht bloßgestellt werden, unter vier Augen jedoch muss
man ihr Verhalten kritischer betrachten.

Amici famam tuam putato gloriam.
**Werte den guten Ruf deines Freundes als Lob für dich
selbst.**

Erneut eine wahre philosophische Betrachtung aus der Feder des
Publilius Syrus („Sententiae"): Ein Freund mit gutem Ruf „schmückt"
auch die eigene Person.

1.21 Betrug und Hinterlist

Aperta odia armaque palam depelli; fraudem et dolum obscura eoque inevitabilia.
Offenen Hass und Waffengewalt kann man geradewegs abwehren; Betrug und Hinterlist aber wirken im Dunkeln, deshalb gibt es gegen sie keinen Schutz.

Tacitus („Historiae") liefert hier eine Sentenz zur Brandmarkung schändlicher Gerüchte.

Anguilla est – elabitur.
Er ist ein Aal, er entgleitet einem.

Er ist „schlüpfrig wie ein Aal" oder „glatt wie ein Fisch", will *Plautus („Pseudolus")* zum Ausdruck bringen. Kurzum: Hier sind Trickser und Täuscher gemeint.

Aditum nocendi perfido praestat fides.
Dem Ungetreuen öffnet die Treue die Tür zu seinem schändlichen Tun.

Bedauerlicherweise ist niemand gegen Betrug und Hinterlist vollständig gewappnet. Gerade die Treue, das Vertrauen eines anderen, verschafft dem Untreuen die Möglichkeit, seine Tat zu begehen – *Seneca der Jüngere („Oedipus")*.

Aliud stans, aliud sedens (loquitur).
Im Stehen redet er anders als im Sitzen.

Ein treffendes Wort von *Sallust („Invectiva in Ciceronem")* für alle opportunistischen Zeitgenossen, die ihr Mäntelchen in den Wind hängen, jedem nach dem Munde reden – und so ihr eigenes Süppchen kochen.

Par odio intempestiva benevolentia.
Wohlwollen zur falschen Zeit kommt Gehässigkeit gleich.

Diese Beobachtung haben wir alle schon einmal gemacht: Uns wird Wohlwollen entgegengebracht, obwohl wir selbst allzu genau wissen, dass unser Verhalten kritikwürdig und/oder eine Leistung nicht vom Besten war. Vorsicht! Diese Art des Wohlwollens kann beabsichtigt sein und eigentlich genau das Gegenteil bedeuten. Darauf macht ein unbekannter Autor aus dem Mittelalter aufmerksam.

Par affectionis causa suspicionem fraudis amovet.
Ein gleicher Anlass zur Zuneigung zerstreut den Verdacht auf Betrug.

Wenn zwei „am gleichen Strang ziehen" oder „im selben Boot sitzen", dann zielen sie meist in dieselbe Richtung: Dies schafft Sicherheit und Vertrauen – *„Corpus Iuris Civilis (Digesta)"*.

Palpum obtrudere
Das Streicheln aufdrängen

Was *Plautus („Pseudolus")* hier anspricht, ist das Ködern mit schönen Worten, also wenn jemand dazu gebracht wird, etwas zu tun, indem ihm geschmeichelt wird.

Paratae lacrimae insidias, non fletum indicant.
Tränen, die schnell fließen, zeugen von List, nicht von Trauer.

Klar: Mit Tränen lassen sich Vorwürfe eines anderen schnell im Keim ersticken. Ihm wird ein schlechtes Gewissen „eingeimpft". Dies beobachtete *Publilius Syrus (Sententiae)*.

1.22 Wissen und Unwissen

Ignorantia iuris nocet.
Unkenntnis schützt nicht vor Strafe.

Das sitzt!

Nec scire fas est omnia.
Es ist unmöglich, alles zu wissen.

Horaz hatte Recht. Viel wichtiger ist es, zu wissen, wo etwas Wissenswertes geschrieben steht, damit man es im Bedarfsfall schnell nachschlagen kann.

Approximavit sidera.
Er brachte die Sterne näher.

Diese Grabinschrift für den großen *Joseph von Fraunhofer* (gest. 1826) gereicht jedem zur Ehre, den Sie damit loben.

Nam quod in iuventus non discitur, in matura aetate nescitur.
Was man in der Jugend nicht lernt, lernt man im Alter niemals.

Wie heißt es? „Was Hänschen nicht lernt, lernt Hans nimmermehr" – nichts anderes meinte schon *Cassiodor*. Trotzdem gilt für jedes Lebensalter:

Ne discere cessa.
Höre nicht auf zu lernen.

Cato

Acrior est cupiditas ignota cognoscendi quam nota repetendi.
Der Wunsch, Unbekanntes kennen zu lernen, ist lebhafter als der, Bekanntes wiederzusehen.

Tipp: Neugier verschafft uns die Motivation, mehr zu erfahren und zu wissen – *Seneca der Ältere, „Controversiae".*

Variatio delectat.
Abwechslung erfreut.

Cicero spricht in diesem Zusammenhang von intellektueller Abwechslung.

Non vitae, sed scholae discimus.
Nicht für das Leben, sondern für die Schule lernen wir.

Seneca d. J. meinte dies als ironischen Kommentar auf das Schulsystem seiner Zeit – offensichtlich hielt er den Lehrplan nicht für besonders alltagstauglich. Meist wird der Spruch übrigens andersherum zitiert, womit Senecas Ironie verloren geht. *(„Epistulae" 106)*

Nihil tam difficile est, quin quaerendo investigari possit.
Nichts ist so schwierig, dass es nicht erforscht werden könnte.

Machen Sie Mut mit dieser Sentenz von *Terenz.*

Nescis, mi fili, quantilla prudentis mundus regatur?
Weißt du nicht, mein Sohn, mit wie wenig Verstand die Welt regiert wird?

Es ist heute leider nicht mehr bekannt, wie der Römer hieß, der dies zu seinem Sohn sagte. Recht hat er allemal.

Scientia et potentia in idem coincidunt.
Wissen und Macht fallen zusammen.

Quid est veritas?
Was ist Wahrheit?

Wissen scheint jedenfalls nicht immer gleichbedeutend mit Wahrheit zu sein. Dies „wusste" bereits Pontius Pilatus *(„Vulgata", Johannes 18, 38)* und wusch sich, wie wir wiederum wissen, seine Hände in Unschuld.

Sensus communis
Gesunder Menschenverstand

In perpetuum
Auf immer, auf ewig

Wenn Sie es wirklich sehr genau wissen, können Sie formulieren: „In perpetuum wird es so sein ..."

Lumen naturale
Das natürliche Erkenntnisvermögen

Dieser Begriff ist in einer ironischen Wendung sehr gut brauchbar, etwa: „Sollten Sie dies wirklich nicht wissen? Es gibt doch das lumen naturale, das Ihnen die Einsicht hätte vermitteln müssen ..." Übrigens siedelten die scholastischen Theologen wie etwa Thomas von Aquin (1225–1274) über dem lumen naturale noch das lumen supranaturale an, das göttliche Licht der Offenbarung, das dem Menschen erst durch den Glauben geschenkt wird.

Nihil interit.
Nichts geht zugrunde.

Richtig! Bereits *Pythagoras* wusste nach Bekundung *Ovids*, dass Energie niemals verloren, sondern lediglich in einen anderen Zustand übergeht.

Plenus venter non studet libenter.
Ein voller Bauch studiert nicht gern.

Sapienti sat est.
Dem Weisen ist es genug.

Inschrift an der Universität in Oxford. Das Zitat stammt von *Plautus* *("Persa")* und meint, dass der Weise keiner weiteren Erklärung mehr bedarf, um etwas zu verstehen.

Universitas litterarum
Die Gesamtheit der Wissenschaften

Num te pudet ignorantiae?
Schämst du dich nicht wegen deines Unwissens?

Tipp: Legen Sie einem unverdienten Mitarbeiter dieses Zitat, nachdem er nach Hause gegangen ist, abends auf den Schreibtisch. Falls er ein bisschen Ehre im Leib hat, wird er sich um eine Übersetzung der Sentenz bemühen – und sich schämen.

Quo vadis?
Wohin gehst du?

Diese Frage stellte jeder Wache habende Legionär am Tor eines römischen Castells den Männern, die Einlass begehrten. Berühmt wurde die Frage jedoch durch den gleichnamigen Roman von Henryk Sienkiewicz: Er schildert in einer Randepisode, wie der Apostel Petrus aus dem von Nero regierten Rom flieht und vor den Toren der Stadt dem auferstandenen Christus begegnet. „Quo vadis, Domine?", fragt Petrus. Christus antwortet, er gehe nach Rom, um sich erneut kreuzigen zu lassen. Daraufhin kehrt Petrus nach Rom zurück und erleidet dort unter Nero den Märtyrertod. Der Roman wurde 1951 verfilmt – mit Peter Ustinov in der Rolle des wahnsinnigen Kaisers Nero.

Ad suum quisque quaestum callidus est.
Jeder benutzt seine Schlauheit zum eigenen Profit.

Plautus, „Asinaria"

Ad eundem lapidem bis offendere
Zweimal an denselben Stein stoßen

Tipp: Treffende Wendung für den Fall, dass jemand zweimal denselben Fehler begeht.

1.23 Anfang, Beginn

Ab Iove principium.
Nehmt den Anfang mit Jupiter.

Dieses Zitat von *Vergil („Bucolica")* bedeutet nichts anderes als den Verweis auf Gott als den „allererster Beginn" – ein Prinzip, das auch die christliche Religion vertritt: Gott steht am Anfang aller Dinge und wer Erfolg haben will, sollte mit Gottvertrauen beginnen.

Sie können das Wort gut im Zusammenhang mit einer Rede über die Firmenhistorie verwenden.

A dis immortalibus sunt nobis agendi capienda primordia.
Alles, was wir beginnen, muss bei den Göttern seinen Anfang nehmen.

Wir müssen jede Unternehmung, die wir planen, auf die Vereinbarkeit mit den Grundsätzen und Normen der gesellschaftlichen Ordnung und des allgemein verbindlichen Wertesystems hin überprüfen, meinte auch *Cicero („De legibus")*.

Ab origine
Vom Ursprung an

Für eine Rede über die Firmenhistorie eignet sich auch diese Wendung von *Cornelius Nepos („De historicis Latinis")*.

Ab initio nullum semper nullum.
Was anfangs nichtig war, ist immer nichtig.

Falls Sie in einem Zeugnis einmal so richtig die Wahrheit sagen dürften (was die moderne Arbeitsgerichtsbarkeit bedauerlicherweise verbietet), wäre diese Aussage aus dem *„Corpus Juris Civilis"* äußerst treffend.

1.24 Veränderung und Alter

Annosa arbor non transplantatur.
Einen alten Baum verpflanzt man nicht.

Ein geeignetes Wort für Ihre Absage an die Vorstandskollegen, wenn diese Ihnen eine neue Aufgabe übertragen wollen, die Sie sich nicht zutrauen, oder wenn Sie aus der Firmenzentrale in eine Außenstelle versetzt werden sollen. Vorformuliert wurde es schon im Mittelalter.

Annosa vulpes haud capitur laqueo.
Ein alter Fuchs lässt sich nicht (zweimal) in der Schlinge fangen.

Lebenserfahrung und Altersweisheit schlagen nicht selten jugendlichen Ungestüm. Und: Aus Fehlern lernt der Mensch meistens, das war schon dem unbekannten Denker aus dem Mittelalter klar.

Ante senectutem curavi, ut bene viverem; in senectute ut bene moriar; bene autem mori est libenter mori.
Bevor ich alt wurde, war ich darauf bedacht, ordentlich zu leben, (und) als ich alt geworden war, darauf, gut zu sterben; gut sterben aber heißt gern sterben.

Dieses Wort kann nur von einem alten (und weisen) Mann mit philosophischer Ader stammen. *Seneca der Jüngere ("Epistulae morales")* passt zu einer Geburtstagsrede in eigener Sache und im fortgeschrittenen Alter.

Anus saltans magnum pulverem excitat.
Eine tanzende Alte wirbelt viel Staub auf.

Dieses Zitat aus dem Mittelalter lässt sich auf Situationen übertragen, die etwas Unangemessenes an sich haben.

Rarum est felix idemque senex.
Glücklich und alt ist man selten zugleich.

Seneca der Jüngere („Hercules Oetaeus") sieht hier das Alter als beschwerliche Last.

Apex est autem senectutis auctoritas.
Die größte Zierde des Alters ist die Autorität.

Cicero („Cato maior de senectute") liefert hier ein passendes Wort zur Feier eines verdienten und älteren Kollegen.

Aetate alia aliud factum condecet.
Für unterschiedliche Altersstufen schickt sich unterschiedliches Verhalten.

Diese Beobachtung verdanken wir *Plautus („Mercator").*

Facies tua computat annos.
Dein Gesicht spiegelt die Zahl der Jahre wider.

Falls Sie dieses Zitat von *Iuvenalis („Saturae")* nicht einer Dame servieren, kann es durchaus als Kompliment und Anerkennung von Lebenserfahrung und Klugheit gewertet werden.

Aliud legunt pueri, aliud viri, aliud senes.
Anderes lesen sich Knaben, anderes Männer, anderes Greise heraus.

Jede Lebenphase hat ihre eigenen Erfahrungen, ihre eigene Sicht der Dinge und eigene Interpretationen. Das Zitat stammt wieder aus dem Mittelalter.

1.25 Spontaneität, Tatendrang, Gesundheit

Abrupte cadere in narrationem
Unvermittelt in eine Erzählung hineinplatzen

Damit beschrieben die Römer (hier: *Quintilianus, „Institutio oratoria"*) nichts anderes als das, was unsere Wendung vom „Mit der Tür ins Haus fallen" meint – also: etwas ohne jede Vorwarnung und Vorbereitung zu tun.

Ante prandium esurire, ante potum sitire, ante lucem surgere sanitas magna est.
Hunger vor dem Essen, Durst vor dem Trinken, Aufstehen vor Tagesanbruch – das garantiert eine gute Gesundheit.

Tipp: Dieses Zitat aus dem Werk *„Galandus Regniacensis, Libellus Proverbiorum"* findet gute Verwendung in einer Gratulation für ein Geburtstagskind oder einen Firmenjubilar.

Facile omnes, cum valemus, recta consilia aegrotis damus.
Für uns Gesunde ist es leicht, den Kranken Ratschläge zu geben.

Stimmt! Gesunde könen sich nur höchst selten in die Lage von Kranken versetzen, so die Erkenntnis von *Terentius („Andria")*.

Aperto pectore
Mit offenem Herzen

Cicero („Laelius de amicitia") beschreibt die Geradlinigkeit des Ehrlichen.

Aperto vivere voto
Mit unverhüllten Wünschen leben

Ehrlich und aufrichtig ist es, wenn man die eigenen Wünsche und Ziele nicht verhehlt. Darauf verweist *Persius („Saturae")*.

Ante circumspiciendum est, cum quibus edas et bibas, quam quid edas et bibas.
Zuerst muss man darauf achten, mit wem man isst und trinkt, und dann darauf, was man isst und trinkt.

Dies ist eine wunderschöne Sentenz von *Epikur* bei *Seneca dem Jüngeren („Epistulae morales")*, die sich vortrefflich als Element einer launigen Tischrede eignet.

Animo imperabit sapiens, stultus serviet.
Der Weise beherrscht seine Gefühle, der Tor (der Dumme) dient ihnen.

Unser Herz (die Gefühle) sollen uns nicht zum Sklaven machen, die Natur muss man beherrschen – *Publilius Syrus („Sententiae")*.

Animus affectus minimis offenditur, adeo ut quosdam salutatio et epistula et oratio et interrogatio in litem evocent.
Ein leidendes Gemüt wird schon von Kleinigkeiten gereizt, sodass ein Gruß, ein Brief, eine Anrede oder eine Frage Streit hervorrufen kann.

Wenn die Nerven blank liegen, genügt ein Fünkchen, um das „Pulverfass" zur Explosion zu bringen. *Seneca der Jüngere* beschrieb in *„De ira"* den Zorn.

Animus est in patinis.
Er ist in Gedanken bei den Schüsseln.

Wenn der Geist (animus) ständig beim Essen ist, kann man sich auf anderes kaum noch konzentrieren, hat *Terenz („Eunuchus")* richtig beobachtet.

Animus imbutus malis artibus haud facile lubidinibus caret; eo profusius omnibus modis quaestui atque sumptui deditus est.

Wer an üble Machenschaften gewöhnt ist, der verzichtet nur schwerlich auf seine Begierden; umso hemmungsloser frönt er jeder Art von Gewinnsucht und Konsum.

Der Mensch gewöhnt sich eher und schneller an das Schlechte als an das Gute. Schlechtes zieht aber Schlechtes nach sich, hat *Sallust („De coniuratione Catilinae")* beobachtet.

Ab amante lacrimis redimas iracundiam.

Mit Tränen kauft man der Liebsten den Zorn ab.

Clever, was *Publilius Syrus („Sententiae")* über die heilsame Wirkung von Tränen sagt ...

1.26 Mut, Tapferkeit und Furcht

Ante suas aedes semper canis est animosus.
Vor seiner Hütte ist ein Hund immer mutig.

Ja, auf sicherem Grunde und bei optimalen Möglichkeiten des Rückzugs ist der Feigling immer mutig. Aus dem Mittelalter stammt dieses schöne Bild.

Ante tubam tremor occupat artus.
Schon vor der Kriegstrompete befällt Zittern die Glieder.

Auch *Vergil („Aeneis" 11)* straft die Feiglinge mit Verachtung. Haben Sie Mitarbeiter, die jedes Risiko – auch kalkulierbares und begrenztes – scheuen? Dann geben Sie ihnen doch dieses Wort mit auf den Weg!

Aliquando etiam victis ira virtusque.
Auch Besiegte packt manchmal tapfere Wut.

Sie warnen mit *Tacitus („De vita Iulii Agricolae")* die Vorstandskollegen, dass auch nach einer gelungenen feindlichen Übernahme die Schlacht noch nicht geschlagen ist.

Ancoras tollere
Sich aus dem Staub machen

Wenn der Mut versagt, wird die Flucht angetreten – *Varro („De re rustica")*. Wörtlich übersetzt bedeutet die Wendung: die Anker lichten.

Adversus consentientes nullus rex satis validus est; discordia et seditio omnia opportuna insidiantibus faciunt.
Gegen Gleichgesinnte ist kein König stark genug; Zwietracht und Aufstand (aber) öffnen den Gegnern Tür und Tor.

Livius („Ab urbe condita") verweist auf das Prinzip „Gemeinsam sind wir stark." Tipp: Der Autor liefert hiermit ein hervorragendes Motivationsvitamin, wenn Sie Ihr Team hinter sich versammeln wollen.

1.27 Skepsis und Vernunft

Ante victoriam triumphandum non est.
Vor dem Sieg soll man nicht triumphieren.

Eine Weisheit aus dem Mittelalter, die es auch heute, vor allem in der Wirtschaft, zu beherzigen gilt.

Rationale enim animal est homo: consummatur itaque bonum eius, si id implevit, cui nascitur. Quid est autem, quod ab illo ratio haec exigat? Rem facillimam, secundum naturam suam vivere.
Der Mensch ist ein vernunftbegabtes Wesen; seine Begabung ist also dann ausgereift, wenn er erfüllt hat, wozu er geboren ist. Was ist es aber, was diese Vernunft von ihm verlangt? Die leichteste Sache der Welt: nach seiner eigenen Natur zu leben.

Tja, das ist blanke Philosophie, was *Seneca der Jüngere* in den *„Epistulae morales"* hier kredenzt! Vernünftig ist es also, nach seiner eigenen Natur zu leben – eine Anschauung und Lebensmaxime, die bestimmt nicht von der Hand zu weisen ist, da doch weder die eigene Natur noch die Welt zu „verbiegen" sind. Wenn's nur auch so einfach umzusetzen wäre ...

Antequam voceris, ad consilium ne accesseris.
Komm nicht zur Beratung, bevor man dich ruft.

Sie haben einen Mitarbeiter, der sich laufend aufdrängt, ungerufen kommt, Ihnen die Türe einrennt, ständig „auf der Matte steht"? Rufen Sie ihn mit einer Bemerkung aus den *„Sententiae Catonis"* zur Raison.

Ratio docet et explanat, quid faciendum fugiendumve sit.
Die Vernunft lehrt und erklärt, was zu tun und zu lassen ist.

Während die Gefühle uns treiben, hält die Vernunft inne und empfiehlt, wie sich der Mensch verhalten sollte, meint *Cicero („De officiis")*.

Ama rationem! Huius te amor contra durissima armabit.
Liebe die Vernunft! Die Liebe zu ihr wird dich gegen die schlimmsten Konflikte wappnen.

Wer in allen Lebenslagen einen kühlen Kopf behält, seine Entscheidungen auf der Grundlage vernünftiger Überlegungen trifft und sich nicht von Gefühlen hinreißen lässt, wird sich viele Probleme ersparen. Darauf macht *Seneca der Jüngere („Epistulae morales")* aufmerksam. Vernunft schützt also vor Irrungen und Wirrungen!

Ratio terrorem prudentibus excutit.
Die Vernunft treibt den Weisen den Schrecken aus.

Unvernunft ist nicht kalkulierbar und nicht berechenbar, sie erfüllt die Lebenserfahrenen, die „Weisen" also, mit Furcht. Auf Vernunft hingegen, so *Seneca der Jüngere („Naturales quaestiones")*, kann man bauen, sie macht zuversichtlich.

Argumenta non sunt numeranda, sed ponderanda.
Argumente dürfen nicht gezählt, sondern müssen abgewogen werden.

Diese Rechtsregel beschreibt die Skepsis gegenüber der reinen Quantität von Argumenten: Zehn können falsch sein, während ein einziges stichhaltiges die Wahrheit treffen kann. Qualität geht vor Quantität.

Ratio ergo hoc postulat, ne quid insidiose, ne quid simulate, ne quid fallaciter.
Die Vernunft also fordert dies, dass du nichts mit Hinterlist, nichts mit Finten, nichts in betrügerischer Absicht tust.

Richtig! Es ist unvernünftig, die Gegenwehr anderer Menschen herauszufordern. Denn dies tut man nach *Cicero („De officiis")*, wenn man unvernünftig agiert. „Bedenke das Ende" passt hier als Übersetzung. Heute sprechen wir auch vom Handeln nach den Prinzipien emotionaler Intelligenz.

1.28 Müdigkeit

A lasso rixa quaeritur.
Wer müde ist, sucht Streit.

Seneca der Jüngere („De ira") beweist hier seine gute Beobachtungsgabe und Menschenkenntnis. Wer müde ist, handelt unkonzentriert und unkontrolliert, Gefühle und Affekte nehmen ihren Lauf.

Alit lectio ingenium et studio fatigatum reficit.
Lektüre stärkt den Geist und erfrischt ihn, wenn er vom Nachdenken ermüdet ist.

Seneca der Jüngere („Epistulae morales") wirbt für die Lust am Lesen. Wir würden heute vielleicht sagen: Man tankt auf.

1.29 Besitz und Habgier

Amico aliquis aegro adsidet: probamus. At hoc hereditatis causa facit: vultur est, cadaver expectat.
Jemand sitzt bei seinem kranken Freund: Das heißen (nennen) wir gut. Doch tut er das, um ihn zu beerben: Ein Geier ist er, er wartet auf Aas.

Ja, leider hat der Mensch seine großen Schwächen. Dazu zählt die Hab- und Raffgier, die sich im Erbfall häufig auf die unschönste Art und Weise zeigt. *Seneca der Jüngere* hat dies in seinen *„Epistulae morales"* eingehend beschrieben.

Amittit merito proprium, qui alienum appetit.
Wer nach fremdem Gut trachtet, verliert zu Recht sein eigenes.

Es wäre zu schön, wenn *Phaedrus („Fabulae")* Recht hätte und dieses Fehlverhalten immer sofort bestraft würde.

Avaro quid mali optes nisi „vivat diu"?
Was könnte man dem Geizhals Schlimmeres wünschen als ein langes Leben?

Dieses schöne Zitat von *Publilius Syrus („Sententiae")* ist eine wahre Erkenntnis: Nur der Geizhals kann beklagen, dass er lange lebt – und deshalb viel Geld für seinen Lebensunterhalt ausgeben muss!

Amittit totum, qui mittit ad omnia votum.
Wer seine Wünsche auf alles richtet, verliert das Ganze.

Unersättlichkeit und Habgier machen blind und schwächen nicht selten den Realitätssinn, meint der unbekannte mittelalterliche Autor.

Animo cupienti nihil satis festinatur.
Einem gierigen Menschen geht nichts schnell genug.

Habgier ist oft mit Ungeduld gepaart, beobachtete *Sallust („Bellum Jugurthinum")* – und wird deshalb manchmal recht schnell bestraft.

Ad praesens ova cras pullis sunt meliora.
Heute Eier zu haben ist besser, als morgen die Hennen zu haben.

Ein wunderschönes Zitat des 1553 gestorbenen *François Rabelais („Gargantua et Pantagruel")*, das unserem Wort „Lieber den Spatz in der Hand als die Taube auf dem Dach" entspricht und zu Realismus und Bescheidenheit aufruft.

Radix enim omnium malorum est cupiditas.
Habsucht ist die Wurzel allen Übels.

Stimmt! Die Weltgeschichte beweist es – *„Vulgata" (Epistula ad Timotheum).*

Alterius lucra dolet invidus ut sua damna.
Der Gewinn eines anderen schmerzt den Neider wie ein eigener Verlust.

Mit diesem Zitat aus dem Mittelalter können Sie Neider treffend strafen ...

Avaritia fidem, probitatem ceterasque artis bonas subvortit;
pro his superbiam, crudelitatem, deos neglegere, omnia venalia
habere edocuit.
Die Habsucht untergräbt Vertrauen, Rechtschaffenheit und die übrigen guten Eigenschaften, dafür lehrt sie Überheblichkeit, Grausamkeit, die Götter zu missachten und alles für käuflich zu halten.

Was *Sallustius („De coniuratione Catilinae")* vor zwei Jahrtausenden hier zu Papier brachte, gilt bis zum heutigen Tage.

An haec animos aerugo et cura peculi
cum semel imbuerit, speremus carmina fingi
posse linenda cedro et levi servanda cupresso?
Wenn diese Habsucht und dieser Erwerbstrieb uns
einmal befallen hat, können wir dann hoffen, Dichtung
zustande zu bringen, die es wert wäre, mit Zedernöl
eingerieben und in glatter Zypressenschatulle aufbewahrt
zu werden?

Eine wunderschöne Sentenz von *Horatius (,,De arte poetica",*
,,Epistula ad Pisones"), die den Wert geistiger und künstlerischer
Leistung dem vermeintlichen Wert des Geldes gegenüberstellt. Wer
sich auf Geld und Besitz konzentriert, hat seinen Geist nicht mehr
frei für die Künste – die Kreativität nimmt Schaden.

Dichtungen auf Papyrusrollen wurden im alten Rom aufgrund ihres
ideellen Wertes in Ehren gehalten und wohl aufbewahrt.

Avaritia belua fera, inmanis, intoleranda est.
Habsucht ist ein wildes, grauenhaftes und unerträgliches
Ungeheuer.

Sallustius (,,Epistulae ad Caesarem senem de re publica") bringt es
auf den Punkt: die Habsucht als Wurzel (fast) allen Übels.

Avaritiam si tollere vultis, mater eius est tollenda, luxuries.
Wer die Habsucht beseitigen will, muss ihre Mutter beseiti-
gen, die Verschwendung.

Cicero (,,De oratore") setzt noch eins obendrauf. Dieses Zitat sollte sich der Bundesfinanzminister mit seinen Steuerbehörden einmal
zu Gemüte führen!

1.30 Sinn und Unsinn

An si cognatos, nullo natura labore
quos tibi dat, retinere velis servareque amicos,
infelix operam perdas: ut si quis asellum
in campo doceat parentem currere frenis.
Wenn du die Verwandten, die dir die Natur ohne dein Zutun
schenkt, erhalten und du dir ihre Zuneigung sichern willst,
wäre es verlorene Liebesmüh, wie wenn man einen Esel
lehren wollte, unter Zaum und Zügel auf dem Marsfeld zu
galoppieren.

Horatius („Sermones") erläutert hier einen Zusammenhang, der auf
der Hand liegt: Das Blut knüpft Bande, ohne dass dafür etwas getan
werden müsste. Nach der römischen Auffassung von der Familie
war es schlichtweg überflüssig, um die ohnehin immer vorhandene
Zuneigung der Blutsverwandten zu werben.

Admiror, paries, te non cecedisse ruinis, qui tot scriptorum
taedia sustineas.
Ich wundere mich, Mauer, dass du nicht in Trümmer zusam-
menbrichst, wo du doch das Gekritzel so vieler Schmierfin-
ken aushalten musst.

Vorsicht! Hier handelt es sich keineswegs um Spaß-Latein! Diesen
Spruch können Sie tatsächlich in Pompeji lesen – *„Corpus Inscrip-*
tionum Latinarum IV 1904". Es handelt sich um ein Graffito. Die
Graffiti-Künstler unserer Tage sind leider wohl nur selten in der
Lage, Lateinisches zu entziffern ...

Aethiopem dealbare
Einen Mohren weiß waschen

Nein, in der *„Vulgata" (Liber Ieremiae)* sollten keine schwarzen und
farbigen Menschen diskriminiert werden. Mit dieser Wendung ist le-

diglich die Unmöglichkeit und Sinnlosigkeit zum Ausdruck gebracht worden, einen Dunkelhäutigen zum Bleichgesicht machen zu wollen.

Okay, Michael Jackson hatte noch nicht gesungen ...

Amator veri non tam spectat, qualiter dicatur quam quid.
Wer die Wahrheit liebt, achtet weniger darauf, wie etwas gesagt wird, als was.

Diese Weisheit aus den *„Sententiae Varronis"* sollten wir Wahl-Bürger uns vor Augen halten, wenn wir Reden unserer Politiker mitbekommen. Diese sind Meister im „Wie-Sagen", aber nicht im „Was-Sagen". Sie sagen meist nichts Sinnvolles, die Art aber, wie sie auftreten und Sand in die Augen streuen, verschafft oft den Eindruck, als hätten sie Wesentliches gesagt.

1.31 Glück und Unglück

Facile autem est, ubi omnia quadrata currunt.
Es ist leicht, wenn alles wie am Schnürchen läuft.

Klar, wenn der Mensch das Glück auf seiner Seite hat, dann geht alles
auch leicht von der Hand – quasi ohne Anstrengung und ohne viel
eigenes Zutun. Doch hier schwingt in der Sentenz von *Petronius
(„Satyricon")* die Skepsis mit: Wie schnell kann sich alles ändern!

Anceps malum urget.
Ein doppeltes Übel droht.

Livius („Ab urbe condita") beschreibt diese unheilvolle Situation.

Animos immoderata felicitas rumpit.
Übermäßiges Glück zerbricht die Menschen.

Seneca der Jüngere („Epistulae morales") war immer dafür, Maß
zu halten: Zu viel an Glück kann leicht ins Gegenteil umschlagen.

Aliud ex alio malum.
Ein Übel bringt ein anderes hervor.

„Ein Unglück kommt selten allein" lautet unsere moderne Entsprechung für diese Sentenz von *Terenz („Eunuchus")*.

*Animalium vero casus, mortes, quaeque sine culpa accidunt,
fugae servorum, qui custodiri non solent, rapinae, tumultus,
incendia, acquarum magnitudines, impetus praedonum a
nulla praestantur.*
**Für Unfall von Tieren, Tod, der schuldlos eintritt, Flucht
von Sklaven, die man nicht zu bewachen hat, Diebstahl,
Panik, Brand, Überschwemmungen (und) Raubüberfälle ist
niemand haftbar zu machen.**

Dies dürfte nachweislich das erste „Kleingedruckte" sein, das eine Versicherungsgesellschaft auf die „Rückseite" ihrer Verträge absetzte. *Bonifatius VIII., „Liber Sextus Decretalium, Regulae iuris Caesarei"* (der sechste Verordnungsband nach den Ausführungsbestimmungen des Caesareischen Rechtes) hat es für die Nachwelt dokumentiert.

Rapienda rebus in malis praeceps via est.
In der Not muss man eilends den kürzesten Weg einschlagen.

Wer nicht im Unglück versinken will, muss schnell entschlossen und mutig den Weg aus der Misere suchen – *Seneca der Jüngere („Agamemnon")*. Eine moderne, leicht abgewandelte Variante lautet: In Gefahr und größter Not bringt der Mittelweg den Tod.

Adversa magnos probant.
Unglück macht Größe (die Großen) offenbar.

Durchsetzungsfähigkeit, Zähigkeit und Härte gegen sich selbst wandeln schlechte Vorzeichen in gute um, meint *Plinius der Jüngere („Epistulae")*, oder anders gesagt: Wer sich in der Not bewährt, hat das Zeug zur Größe.

Advorsae res edomant et docent, quid opus sit facto. Secundae res laetitia transvorsum trudere solent a recte consulendo atque intellegendo.
Unglück überwältigt und lehrt, was zu tun ist. Glück versetzt meist in einen Taumel und führt vom rechten Weg ab, weg von Überlegung und Einsicht.

Also: Glück ist nicht der richtige Ratgeber, wohingegen das Unglück – auch wenn es uns zuerst zu lähmen scheint – die Einsicht in das Notwendige lehrt und zu den richtigen Schlüssen führt. Lässt sich aber auf diese Weise Unglück vermeiden? *Cato* bei *Gellius („Noctes Atticae")* scheint diese Ansicht zu vertreten.

Assidua eminentis fortunae comes invidia.
Hartnäckiger Begleiter des besonderen Erfolgs ist der Neid.

Vorsicht! Nicht alle wollen an Ihrem persönlichen Glück auch ehrlich teilhaben und die wenigsten gönnen es Ihnen! Darauf macht *Velleius Paterculus („Historia Romana")* aufmerksam.

Bonarum rerum consuetudo pessima est.
Gewöhnung ans Glück ist ein schlimmes Übel.

Warum? Weil dies sorglos macht, sagt *Publilius Syrus („Sententiae").*

1.32 Erinnerung und Nostalgie

Animus meminisse horret.
Meine Seele schaudert bei der Erinnerung.

Bedrückende Bilder der Vergangenheit beklagte *Vergil („Aeneis")*.

Animus quod perdidit optat
atque in praeterita se totus imagine versat.
Der Mensch trauert dem Verlorenen nach
und geht ganz in der Erinnerung an die Vergangenheit auf.

Je älter der Mensch wird, desto intensiver lebt er in der Erinnerung
an die Vergangenheit. Dabei betrauert er den Verlust von materiellen
und immateriellen Dingen – *Petronius („Satyricon")*.

Agnosco veteris vestigia flammae.
Ich spüre die Glut der alten Liebe.

Vergilius („Aeneis") schwelgt in Erinnerungen.

Aspera perpessu fiunt iucunda relatu.
Was hart zu ertragen war, wird beim (späteren) Erzählen
angenehm.

Das kennen wir! Auf die Vergangenheit scheint ein mildes Licht, wenn
wir in der Gegenwart zurückblicken. So entsteht die Nostalgie –
„Monosticha Catonis".

Brevis a natura nobis vita data est; at memoria bene redditae
vitae sempiterna.
Ein kurzes Leben nur ist uns von der Natur gegeben; doch
die Erinnerung an ein gut verbrachtes Leben währt ewig.

Ein schöner Trost für den unwiederbringlichen Verlust verflossener
Jahre von *Cicero („Orationes Philippicae")*.

1.33 Neugier

Ad nova homines concurrunt, ad nota non veniunt.
Bei Neuigkeiten (bei Neuem) strömen die Menschen zusammen, Bekanntes lockt sie nicht.

Seneca der Ältere („Controversiae") hat hier beschrieben, wie der Journalismus funktioniert: Nachrichten müssen aktuell sein, sonst interessiert sich kaum jemand dafür.

Aliena narrans crimina audibit sua.
Wer fremde Vergehen herumerzählt, wird seine eigenen zu hören bekommen.

„Wie man in den Wald hineinruft, so schallt es heraus", heißt die Entsprechung zu diesem Zitat von *Publilius Syrus*. Zudem weist sie Gerüchteköche und Verleumder in die Schranken.

Aliena ne cures.
Kümmere dich nicht um die Dinge anderer.

Terenz („Heauton timorumenos") gibt allzu Neugierigen eine Warnung mit auf den Weg.

Incitantur homines ad cognoscenda, quae differuntur.
Denn es reizt die Menschen, zu erfahren, was man ihnen vorenthält.

Richtig! Für manche ist nichts so motivierend wie ein „Geheimnis". Das weiß *Plinius der Jüngere („Epistulae")*.

Aiunt homines plus in alieno negotio videre.
Man sagt, die Menschen hätten für fremde Angelegenheiten ein schärferes Auge.

Wie wahr: Auch *Seneca der Jüngere („Epistulae morales")* spielt auf den Zusammenhang vom „Splitter im Auge des Bruders und dem Balken im eigenen Auge" an.

Mobilis enim et inquieta homini mens data est; nusquam se tenet, spargitur et cogitationes suas in omnia nota atque ignota dimittit, vaga et quietis impatiens et novitate rerum laetissima.

Dem Menschen ist ein lebhafter und unruhiger Geist gegeben; nirgends verweilt er, er breitet sich aus und sendet seine Gedanken nach allem Bekannten und Unbekannten aus, unstet, ohne Bedürfnis nach Ruhe, besonders froh über neuartige Eindrücke.

Der Wissensdurst des Menschen ist ihm angeboren, sagt *Seneca der Jüngere (,,Ad Helviam matrem de consolatione")*. Dies zeigt sich schon beim Säugling: Die Welt will begriffen werden, alles Neue lockt und fordert heraus.

Non expedit omnia videre, omnia audire. Multae nos iniuriae transeant, ex quibus plerasque non accipit, qui nescit.

Es ist unnütz, alles zu sehen, alles zu hören. Viele Kränkungen blieben uns erspart, die meisten verspürt man nicht, wenn man sie nicht kennt.

Doch Neugier muss nicht nur förderlich sein. Darauf verweist *Seneca der Jüngere (,,De ira")*. In moderner Übersetzung: ,,Was ich nicht weiß, macht mich nicht heiß."

1.34 Tugend

Ad virtutem una ardua via est.
Zur Tugend gibt es nur einen steilen Weg.

Das gute und tugendhafte Verhalten kommt nicht von alleine, formulierte *Sallust ("Epistulae ad Caesarem senem de re publica"),*
sondern muss erarbeitet und bewahrt werden.

Saepe solent census hominis pervertere sensus.
**Reichtum pflegt die Gesinnung des Menschen zu verschlech-
tern.**

Für die Tugend, Sittenhaftigkeit und Charakterstärke ist Reichtum
nicht gerade förderlich. „Geld macht nicht glücklich", das wissen
wir, Reichtum aber kann Glück sogar ins Gegenteil verkehren. Der
Mensch muss sich nicht mehr bemühen und neigt zur Relativierung
der Werte. Schon im Mittelalter sah man das realistisch.

Arbor per primum non quaevis corruit ictum.
Nicht jeder Baum fällt beim ersten Axthieb.

Wahre Tugend lässt sich auf die Probe stellen und verkehrt sich
nicht bei der ersten Versuchung ins Gegenteil. Sie ist standhaft und
wehrt sich tapfer (aus dem Mittelalter).

Pacem cum hominibus, bellum cum vitiis habe!
Lebe im Frieden mit den Menschen, im Krieg mit den Lastern.

Wenn *Publilius Syrus ("Sententiae")* hier von „Lastern" spricht, bezieht er sich auf die Versuchungen, die den Menschen in Zweifel
stürzen, seine Triebe ansprechen und ihn vom „rechten Wege" ab-
bringen wollen. Dagegen muss der Tugendhafte kämpfen, Tag für
Tag.

Ad neminem ante bona mens venit quam mala.
Schlechte Gesinnung zeigt sich bei jedem früher als die gute.

Seneca d. J. dokumentiert reichhaltige Lebenserfahrung. Nicht die tugendhaften Eigenschaften eines Charakters fallen am ehesten auf, sondern die, wir nach unseren moralischen Kategorien als schlecht und schädlich werten. Und warum fallen sie schneller auf? Weil sie leichter ansprechbar sind und sich hervorlocken lassen.

Candor in hoc aevo res intermortua paene.
Aufrichtigkeit ist heutzutage eine schon fast gestorbene Tugend.

Falls Sie enttäuscht wurden – hier der passende Trost von *Ovidius (Epistulae ex Ponto)!*

1.35 Karriere

Altior ascensus, gravior plerumque ruina.
Je höher der Aufstieg, desto schwerer meist der Fall.

Bereits im Mittelalter kannte man die Folgen eines zu schnellen Aufstiegs auf der Management-Karriere-Leiter.

Admoneri bonus gaudet, pessimus quisque rectorem asperrime patitur.
Der Tüchtige freut sich über Kritik, doch gerade die größten Stümper lassen sich nicht korrigieren.

Stimmt! *Seneca der Jüngere („De ira")* nimmt hier Tausende erzwungene Rücktritte von Politikern und Wirtschaftsführern voraus, die die Bodenhaftung verloren haben, weil sie sich mit Ja-Sagern und devoten Höflingen umgeben hatten. Nur der Souveräne verträgt Kritik.

Ad eundem gradum
In derselben Position

Falls Sie gegenüber einem gleichgestellten Kollegen die Position verteidigen müssen: Zitieren Sie diese Sentenz aus den *„Fragmenta Vaticana"*.

Saepe dat una dies, quod totus denegat annus.
Oft gibt eine einzige Stunde, was das ganze Jahr verweigert hat.

Ein Trostwort für einen ungeduldigen Mitarbeiter, der ehrgeizig ist und nach Höherem strebt. Zitieren Sie den unbekannten mittelalterlichen Autor und zeigen Sie damit, dass es meist keinen Sinn macht, sehnsüchtig auf etwas zu warten (zum Beispiel eine Beförderung). Bei entsprechender beständiger Leistung kommt das Glück oft ganz unverhofft.

Asperius nihil est humili, cum surgit in altum.
Nichts ist barscher als einer von niedrigem Stand, der nach oben kommt.

Wie war das mit „Emporkömmlingen"? – *Claudianus („In Eutropium")* beschreibt ein verbreitetes Phänomen.

Auro victa fides munitas decipit urbes,
auri flagitiis ambitus ipse furit.
Treue täuschte, von Gold bestochen, ganze Städte, nach des Goldes schändlicher Wirkung lechzt jede Karriere.

Lassen Sie sich diese Sentenz des spätrömischen Dichters *Namantianus („De reditu")* zur Warnung dienen. Geld und Erfolg sind nicht alles!

Hodie nullus, cras maximus.
Heute ein Nichts, morgen der Größte.

Wenn es Ihr Chef zu weit treibt, können Sie ja mal mit *Erasmus („Adagia")* in den Bart grummeln …

1.36 Risiko und Spiel

Meide das Glücksspiel!
Aleam fuge!

Alea ist der Würfel und Würfelspiele waren ein beliebter Zeitvertreib der Römer. Doch Spielen ist nicht ohne Risiko, die Chancen auf Gewinn oder Verlust stehen meist 50 zu 50. Darauf machen die *„Sententiae Catonis"* aufmerksam.

Aleam, quod mirere, sobrii inter seria exercent.
Das Würfelspiel, und darüber muss man sich schon wundern, betreiben sie nüchtern als etwas Ernsthaftes.

Hier sind nicht die Römer gemeint. Nein, *Tacitus („De origine et situ Germanorum")* spricht von den Germanen. Offensichtlich hatten die Deutschen schon vor 2000 Jahren eher wenig Humor.

Facilis descensus Averno: noctes atque dies patet atri ianua Ditis;
sed revocare gradum superasque evadere ad auras
hoc opus, hic labor est.
Leicht ist der Abstieg in die Unterwelt: Tag und Nacht steht die Tür zum düsteren Hades offen;
aber den Schritt zurückzulenken und zur Oberwelt zu entkommen,
das ist ein schweres Stück Arbeit.

Der „Hades": Ein bedeutendes Element der römischen Mythologie, vergleichbar mit der christlichen Vorstellung von der Hölle. *Vergilius („Aeneis")* verweist in diesem Zusammenhang auf das ständige Risiko, das der Mensch mit seinen Gedanken und Taten zu tragen hat und das ihn all zu leicht auf die falsche Bahn führen kann.

Aleator quanto in arte est melior, tanto est nequior.
Je geschickter ein Spieler ist, desto nichtsnutziger ist er.

Publilius Syrus (,,Sententiae") hatte erkannt, dass die starke Konzentration auf die Professionalisierung der Spielkunst nicht mehr genug Zeit für ein ordentliches Leben in bürgerlichen Bahnen lässt.

Facilis ad lubrica lapsus est.
Auf glattem Boden fällt man leicht.

Wenn der Boden glatt ist, Erfolg oder Vorteil also nahe vor uns zu liegen scheint und uns alles ganz „einfach" vorkommt – dann wird es gefährlich. So warnt der Rhetoriker, Rechtsanwalt und Schriftsteller *Fronto* (100–170 n. Chr.)

Accipitri timidas columbas credere
Einem Falken die scheuen Tauben anvertrauen

Ovidius (,,Ars amatoria") spricht hier davon, den „Bock zum Gärtner" zu machen.

Saepe ad retinendam vitam prosunt ipsa pericula.
Gerade die Gefahren helfen oft, Leben zu erhalten.

Klar: Risiken werden erkannt und bedacht – und dieses Bewusstsein hilft, den richtigen Weg und die richtigen Lösungen zu finden. Man hat mit den Worten von *Quintilianus (,,Declamationes minores")* die Gefahr vor Augen.

Credat expertis, quod experiri periculose desiderat.
Wer etwas Riskantes erproben will, glaube denen, die darin Erfahrung haben.

Ein guter Rat von *Augustinus (,,Epistulae")*.

1.37 Unmögliches und Sinnloses

Aquam igni miscere
Wasser mit Feuer vermischen

Wasser und Feuer sind neben Erde und Luft zwei der vier Haupt-
elemente, die sich miteinander nicht vermischen lassen, weil sie nach
Vorstellung der Römer in Kombination, nicht aber Vermischung,
den Urstoff der Welt bildeten. – *Erasmus, „Adagia" (nach Plutarch).*

Haurit aquam cribro, qui discere vult sine libro.
**Mit einem Sieb schöpft Wasser, wer ohne Bücher lernen
will.**

Unmögliches, von einem unbekannten mittelalterlichen Autor meta-
phorisch beschrieben.

Aquas infundere in cinerem
Wasser auf die Asche schütten

Auch dieses Wort von *Quintilian („Declamationes maiores")* ist
Ausdruck der Sinnlosigkeit.

*Ego vero nihil impossibile arbitror, sed utcumque fata
decreverint, ita cuncta mortalibus provenire.*
**Ich halte wahrhaftig nichts für unmöglich, aber alles trifft
den Menschen so, wie das Schicksal es beschlossen hat.**

Eine philosophische Weltsicht von *Apuleius („Metamorphoses").*

2. Die literarischen Quellen

2.1 Zu Vita und Opus der zitierten lateinischen Autoren

Augustinus (Aurelius, 354 – 430 n. Chr.)

Der berühmte Kirchenvater, der sich erst mit 33 Jahren zum Christentum bekehrte, verfasste etwa zehn umfangreiche religiöse und philosophische Traktate (Abhandlungen). Einfluss auf die europäische Geschichtsphilosophie nahm er mit seiner Schrift *„De civitate dei"* – *Der Gottesstaat*. Er schildert darin die Weltgeschichte als Kampf zweier Reiche, des göttlichen und des irdischen. Im Verlauf der Geschichte sind beide Reiche nicht klar erkennbar voneinander getrennt. Erst im Endgericht, so Augustinus, wird offenbar, was göttlich ist. Mit seinen *„Confessiones"* legte der Kirchenvater eine Autobiografie vor.

Boethius (Anicius Manlius Torquatus Severinus, ca. 478 – 524 n. Chr.)

Von Boethius, Literat und zeitweiliger Ratgeber des Ostgotenkönigs Theoderich, stammt die philosophische Trostschrift *„De consolatione philosophiae"*.

Bonifatius VIII. (ca. 1235 – 1303 n. Chr.)

Auf Papst Bonifatius VIII. gehen die Rechtserlasse *„Liber Sextus Decretalium"* zurück. Er versuchte zeitlebens vergeblich, den Vorrang des Papsttums über alle weltlichen Institutionen – auch Könige und Kaiser durchzusetzen.

Cäsar (Gaius Julius, 100 – 44 v. Chr.)

Cäsar wurde in der patrizischen Familie der Julii, der Julier, geboren. Vor dem Beginn seiner politischen Karriere führte er erfolgreiche Feldzüge durch, unter anderem in Spanien. 59 wurde er Konsul und im Jahre 45 nach der erfolgreichen Beendigung des Bürgerkrieges gegen Pompeius zum Diktator auf Lebenszeit ernannt. Am 15.3.44 (an den „Iden" des März) wurde er im Senat bei einem Komplott, an dem auch sein Adoptivsohn Brutus beteiligt gewesen sein soll, ermordet. Seine literarischen Werke sind *„De bello civili"*, ein Bericht über den Bürgerkrieg, und *„De bello Gallico"*, ein Report über den Gallischen Krieg.

Cassiodorus (Flavius Magnus Aurelius, ca. 485 – ca. 580 n. Chr.)

Cassiodorus befasste sich mit Philosophie und Geisteswissenschaften, hatte aber auch unter Theoderich wichtige Staatsämter inne. Er hinterließ das theologische Traktat *„De anima"*, eine Geschichte der Goten sowie einen Studienführer durch die geistlichen und weltlichen Wissenschaften, die *„Institutiones divinarum et saecularium litterarum"*.

Cato (Marcus Porcius Cato Censorius, 234 – 149 v. Chr.)

Der römische Staatsmann und Schriftsteller kämpfte gegen den Verfall der strengen altrömischen Moral. In seinen letzten Lebensjahren trat er dafür ein, den Feind Karthago (im heutigen Nordtunesien) völlig zu vernichten – was 146 v. Chr. auch geschah.

Catullus (Gaius Valerius, ca. 84 – 54 v. Chr.)

Catull ist vor allem durch seine von persönlichem Erleben gefärbte Lyrik bekannt. Er hinterließ die Gedichtsammlung *„Carmina"*.

Cicero (Marcus Tullius, 106 – 43 v. Chr.)

Cicero ist der wohl berühmteste und unter allen Lateinschülern wegen seiner komplizierten und komplexen grammatikalischen Strukturen auch berüchtigtste lateinische Autor. Cicero, Staatsmann, Redner und Philosoph, wurde in Arpinium (heute: Arpino, Italien) geboren und studierte Recht, Rhetorik, Literatur und Philosophie in Rom. Seine politische Laufbahn begann 74 v. Chr., als er in den römischen Senat gewählt wurde. Sein Durchbruch als Anwalt und Politiker war 70 v. Chr. der Prozess gegen Verres. 64 wurde er zum Konsul gewählt und war Gegner von Catilina, der einen Sturz der Regierung organisierte. Cicero ließ die Anhänger Catilinas hinrichten und wurde danach vom Senat ins Exil gezwungen, kehrte kurz darauf jedoch wieder zurück nach Rom. Seine literarischen Hauptwerke *„De oratore"* (über das Reden), *„De re publica"* (über den Staat) und *„De legibus"* (über die Gesetze) entstanden in den 40er und 50erJahren v. Chr. Diese Werke stehen im Zentrum der gesamten lateinischen Prosa. Cicero wurde am 7.12.43 nach dem Bürgerkrieg ermordet. Von Cicero bekannt und erhalten sind heute rund 50 Reden über Philosophie, Recht, Politik und Geschichte, Briefe, literarische Schriften und Übersetzungen griechischer Texte.

Cornelius Nepos (ca. 100 – 25 v. Chr.)

Cornelius Nepos verfasste zwei umfangreiche Biografien-Sammlungen – *„De excellentibus ducibus exterarum gentium"* sowie *„De historicis Latinis"*.

Cyprianus (Thascius Caecilius, ca. 200 – 258 n. Chr.)

Der Bischof von Karthago ist durch hinterlassene Briefe bekannt – und weil er verfügte, dass Christen, die während der Verfolgung von der Kirche abgefallen waren, wieder aufgenommen werden durften.

Erasmus von Rotterdam (1466/1469 – 1526 n. Chr.)

Erasmus, der große Philosoph des europäischen Humanismus, beschäftigte sich mit Philosophie und Geschichte und hat die neuzeitliche Sprachwissenschaft mitbegründet. Er veröffentlichte die *„Adagia"*, eine Sammlung antiker Sprichwörter und Redensarten, die Dialog-Sammlung *„Colloquia familiaria"* sowie die Traktate *„De ratione studii"* und *„Paraclesis"*.

Gellius (Aulus, ca. 125 – 170 n. Chr.)

Gellius verfasste das Sammel- und Exzerptenwerk *„Noctes Atticae"*.

Hieronymus (Eusebius, ca. 347 – 419/420 n. Chr.)

Der Kirchenvater Hieronymus verfasste historische, religiöse und philosophische Werke, so die apologetischen Schriften *„Adversus Iovinianum"* und *„Adversus Rufinum"*, den Bibelkommentar *„Commentarius in Ephesios"*, die christliche Literaturgeschichte *„De viris illustribus"* sowie *„Epistulae"*, Briefe. Er überarbeitete außerdem die lateinische Bibelübersetzung, die *„Vulgata"*.

Horatius (Quintus Horatius Flaccus, 65 – 8 v. Chr.)

Der Dichter verfasste ein neunbändiges Werk: unter anderem den Festhymnus *„Carmen saeculare"*, die *„Carmina"* (Gedichte), das Werk *„De arte poetica"*, ein Lehrgedicht über die Art und das Wesen der Dichtung, die *„Epistulae"*, Briefe voller Lebensweisheiten in Hexameterform (eine spezielle Versform), sowie die *„Sermones"*, Satiren in Hexameterform. Er gehörte zum Kreis der vom römischen Edlen Gaius Maecenas (daher unser Begriff Mäzen) geförderten Poeten. Sein Name wird auch oft eingedeutscht gebraucht: Horaz.

Iuvenalis (Decimus Iunius, ca. 60 – nach 128 n. Chr.)

Der Satiriker kritisierte in seinen Werken vor allem den zeitgenössischen Sittenverfall Roms.

Livius, Titus (59 v. Chr. – 17 n. Chr.)

Ein Historiker, der sich intensiv mit der Darstellung und Interpretation römischer Geschichte auseinander setzte. Livius verfasste das Werk *„Ab urbe condita"*, die Geschichte von der Gründung der Stadt Rom an.

Lucanus (Marcus Annaeus, 39 – 65 n. Chr.)

Lucanus legte das Geschichtsepos *„Bellum civile"* über den römischen Bürgerkrieg vor.

Lucretius (Titus Lucretius Carus, ca. 97 – 55 v. Chr.)

Lucretius (eingedeutscht: Lukrez) verfasste das Lehrgedicht *„De rerum natura"*. Er war davon überzeugt, dass Angst nur aus der Unwissenheit herrührt und versuchte seinen Lesern durch Aufklärung eine Haltung der Gelassenheit zu vermitteln. Die Götter, so war er überzeugt, mischen sich nicht in das Leben der Menschen ein und sind deshalb auch nicht zu fürchten.

Martialis (Marcus Valerius, ca. 40 – 103/104 n. Chr.)

Ein Dichter, der die *„Epigrammata"*, Kurzgedichte, sowie die Sammlung *„Liber spectaculorum"* vorlegte.

Ovid (Publius Ovidius Naso, 43 v. Chr. – 17/18 n. Chr.)

Ovid war virtuoser Dichter der augusteischen Liebeselegien, der *„Amores"*. Er verfasste darüber hinaus unter anderem die lehrhafte Liebeselegie *„Ars armatoria"* (die „Kunst der Liebe"), die *„Fasti"*, ein Epos nach dem römischen Festtagskalender, sowie die *„Metamorphoses"*, ein episches Sagengedicht.

Paulus (Iulius, 1. Hälfte 3. Jh.)

Von dem spätklassischen Juristen Paulus sind die *„Sententiae"*, eine Sammlung von Rechtsentscheiden, überliefert. Er ist in seiner Zunft bis heute bekannt, weil er den Rückgewähranspruch von bei Insolvenzen benachteiligten Gläubigern formuliert hat, wenn diese durch die vorhergehende Transaktion getäuscht worden sind (so genannte „actio Paulana").

Persius (Aulus Persius Flaccus, 34 – 62 n. Chr.)

Von Persius stammt die Satirensammlung *„Saturae"*. Der Dichter ist wegen seiner schwer verständlichen, manirierten Sprache gefürchtet.

Petronius (Titus Petronius Arbiter, gest. 66 n. Chr.)

Der römische Schriftsteller und Weltmann hatte einen ausgeprägten Hang zu Witz und Ironie und verfasste das *„Satyricon"*, einen Abenteuer- und Schelmenroman. Er galt als Meister feinsten Lebensgenusses (arbiter elegantiarum). Von Kaiser Nero wurde er wegen angeblicher Beteiligung an einer Verschwörung in den Selbstmord getrieben (sehr eindrucksvoll in Szene gesetzt in dem Film „Quo vadis").

Phaedrus (ca. 15 v. Chr. – ca. 50 n. Chr.)

Der Fabeldichter stammte aus Makedonien und war ein Freigelassener. Seinem Werk ist anzumerken, dass er sich als Dichter zu wenig gewürdigt fühlte. Er trat in die Fußstapfen des Griechen Äsop und hat seinerseits auf neuzeitliche Fabeldichter wie La Fontaine, Gellert und Lessing eingewirkt.

Plautus (Titus Maccius, ca. 250 – 184 v. Chr.)

Plautus war der Komödienschriftsteller des alten Rom. Aus seiner Feder stammen 19 Komödien, so etwa *„Asinaria"*, *„Captivi"*, *„Epidicus"*, *„Miles gloriosus"*, *„Pseudolus"* und *„Rudens"*.

Plinius (Caius Plinius Caecilius, 61 – ca. 112/3 n. Chr.)

Redner und Politiker, Statthalter von Bithynien. Neffe des beim Vesuvausbruch ums Leben gekommenen Plinius des Älteren. Seine Briefe (z.B. an Tacitus über den Vesuvausbruch, an Trajan über die Behandlung der Christen) haben wegen der meisterhaften Zeichnung der römischen Gesellschaft unter Kaiser Trajan großen dokumentarischen Wert

Propertius (Sextus, ca. 50 – 16 v. Chr.)

Propertius (mittelalterlich „eingedeutscht" als Properz – vgl. Horaz und Lukrez) war neben Ovid der Dichter der Liebe in Rom. Er verfasste die *„Elegiae"*, eine Sammlung von Liebesgedichten.

Publilius Syrus (1. Jh. v. Chr.)

Die Lebensdaten von Publilius Syrus sind nicht exakt nachweisbar, sicher erscheint lediglich, dass er im 1. Jahrhundert v. Chr. lebte und ein Freigelassener aus Syrien war. Er verfasste die *„Sententiae"*, eine Sammlung von Lebensweisheiten.

Quintilianus (Marcus Fabius, ca. 35 – ca. 100 n. Chr.)

Ein Rhetoriklehrer, der seine Qualifikationen via Lehrbuch an die Nachfolgenden weitergab. Quintilianus hinterließ die Schulreden *„Declamationes minores"* sowie das rhetorische Lehrbuch *„Institutio oratoria"*.

Remigius (ca. 436 – 533 n. Chr.)

Der Bischof von Rheims taufte den Frankenkönig Chlodwig an Weihnachten 496 – ein wichtiger Schritt zur Christianisierung Mitteleuropas.

Sallustius (Gaius Sallustius Crispus, 86 – 34 v. Chr.)

Sallustius wurde in Amiternum geboren. Er war unter anderem Statthalter in der römischen Provinz Afrika und spielte eine politische Rolle als Tribun im römischen Bürgerkrieg. Nach Cäsars Tod im Jahre 44 v. Chr. verlegte sich Sallustius auf Geschichte und Philosophie. Seine Hauptwerke sind die historische Monografie *„Bellum Iugurthinum"*, *„De coniuratione Catilinae"*, eine Schrift über die Verschwörung Catilinas, die politischen Sendschreiben *„Epistulae ad Caesarem senem de re publica"* sowie die *„Historiae"*, ein umfassendes Werk über die römische Geschichte.

Seneca der Ältere (Lucius Annaeus, ca. 55 v. Chr. – ca. 39 n. Chr.)

Seneca der Ältere war Jurist und verfasste im Wesentlichen Kommentare und Interpretationen von Rechtsfällen, so die *„Controversiae"*, eine Sammlung von Entscheidungen in Rechtsfällen, aber auch Schriften mit literarischen Ambitionen wie die *„Suasoriae"*, Ratschläge an mythische und historische Personen.

Seneca der Jüngere (Lucius Annaeus, ca. 4 v. Chr. – 65 n. Chr.)

Lucius Annaeus Seneca, seines Zeichens Philosoph, Dichter und Politiker, zählte zu den Stoikern und schriftstellerte im Silbernen Zeitalter – so nennen lateinische Literaturgeschichtler das erste Jahrhundert nach der Zeitenwende. Voraus ging das Goldene Zeitalter Cäsars, Ciceros und Livius'. Die Stoiker riefen zum rechten Maß im Leben auf und plädierten stets für Vernunft und Mitmenschlichkeit. Seneca d. J. hatte eine starke Wirkung auf die mittelalterliche Dichtung und Philosophie.

Servius (ca. 370 – 420 n. Chr.)

Servius schrieb eine Biografie Vergils und einen Kommentar zu dessen *„Aeneis"*.

Statius (Publius Papinius, 45 – 96 n. Chr.)

Der Poet und Philosoph gewann in zahlreichen Dichterwettkämpfen, wurde aber kritisiert, weil er angeblich Vergil imitierte.

Tacitus (Cornelius, 55 – 120 n. Chr.)

Der Historiker befasste sich vornehmlich mit römischer und germanischer Geschichte. Aus seiner Feder stammen die „*Annales*" (römische Geschichte), die Monografie über Germanien „*De origine et situ Germanorum*", die Biografie „*De vita Julii Agricolae*", eine Analyse über die Ursachen des Verfalls der Rhetorik, der „*Dialogus de oratoribus*", sowie die „*Historiae*", eine umfassende Betrachtung römischer Geschichte.

Terentius (Publius Terentius Afer, 185 (195?) – 159 v. Chr.)

Terentius (Terenz) gilt als der zweite große Komödienschriftsteller Roms. Von ihm erhalten sind unter anderem die Komödien „*Adelphoe*", „*Andria*", „*Eunuchus*", „*Heauton timorumenos*", „*Hecyra*" und „*Phormio*".

Tertullianus (Quintus Septimius Florens, ca. 155/160 – ca. 225 n. Chr.)

Der nordafrikanische Kirchenschriftsteller verfasste diverse Traktate, philosophische, religiöse und dogmatische Schriften. Dazu zählen unter anderem die Mahnschriften „*Ad uxorem*", „*De corona militis*" und „*De exhortatione castitatis*". Obgleich er später einer schwärmerischen Glaubensbewegung angehörte, gilt er als Schöpfer der lateinischen Kirchensprache.

Ulpianus, Domitius (2./3. Jh.)

Ulpianus hat eine umfangreiche Sammlung von Rechtsregeln hinterlassen, das „*Liber regularum*".

Varro (Marcus Terentius, 116 – 27 v. Chr.)

Ein vielseitiger lateinischer Autor, der sich sowohl mit lateinischer Sprachlehre, in „*De lingua Latina*", als auch mit Ackerbau und Viehzucht, in „*De re rustica*", schriftstellerisch befasste. Außerdem schrieb er Satiren, die „*Saturae Menippeae*".

Velleius Paterculus (Gaius, ca. 20 v. Chr. – 30 n. Chr.)

Velleius verfasste die „*Historia Romana*", eine römische Geschichte.

Vergil (Publius Vergilius Maro, 70 – 19 v. Chr.)

war Literat und Historiker. Er verfasste das Heldenepos „*Aeneis*", die Hirtengedichte „*Bucolica*" sowie die „*Georgica*", ein Lehrgedicht über die Landwirtschaft.

2.2 Quellen und Sammlungen

Anonymus Neveleti: Fabeln des Griechen Äsop in lateinischer Bearbeitung

Corpus Iuris Civilis: Gesetzgebungswerk des Kaisers Iustinianus (482 – 565 n. Chr.)

Digesta: Sammlung juristischer Gutachten im *„Corpus Iuris Civilis"*

Fragmenta Vaticana: Sammlung kaiserlicher Gesetze und Rechtsgutachten

Monosticha Catonis: Moralisierende Spruchsammlung

Vulgata: Lateinische Bibelübersetzung in der Überarbeitung von Hieronymus (um 400 n. Chr.)

„Proverbia sententiaeque latinitatis medii aeui"

Mehr als 100.000 (in Worten: einhunderttausend) lateinische Zitate, Sentenzen, Phrasen und Sprüche hat der Deutsche Hans Walther aus mittelalterlichen Quellen gesammelt. Seine *„Proverbia sententiaeque"* sind in zwei Auflagen (1963 und 1982) publiziert worden (Verlag Vandenhoeck & Ruprecht, Göttingen, vergriffen) und reichen in der zweiten Auflage bis in die frühe Neuzeit.

Stichwortverzeichnis